咖喱的基础知识

日本株式会社枻出版社 编
刘美凤 译

北京出版集团
北京美术摄影出版社

目录

* 本书插图系原文插图。

* 书中涉及的餐厅地址、电话、营业时间等为编者截稿时的信息，实时信息请另行查询核实。

\ 法则 /

01 美味咖喱，遍布全球。

北印度咖喱常常使用鲜奶油和黄油，泰国咖喱散发着清新爽口的香草气息……世界各地，不同地区的咖喱各自具有浓郁的特色，一起去体验吧！

非洲

北印度

美味咖喱之

\ 法则 /

02 若无香辛料，无从谈咖喱。

若未品尝过香辛料咖喱，说咖喱人生缺失一半也毫不过分。香辛料的世界，充满诱惑，让人欲罢不能而又深邃广远，让我们去一窥究竟！

芫荽

\ 法则 /

03 精品咖喱，自己制作。

尽管餐馆提供的咖喱味道也不错，但是亲手制作还是大有不同！从香辛料开始精心加工，或者仅仅在咖喱块上花点小心思，就能让平淡无奇的咖喱华丽升级。

引言 让咖喱人生灿烂辉煌

12条终极法则

咖喱是日本的国民美食，
备受男女老少喜爱。
12条法则为您打开
看似简单却深邃无比的咖喱世界，
助您邂逅令人震撼的美味。

\ 法则 /

04 玩转正宗食材。

大胆尝试为各地咖喱增添特色味道的食材和调味料吧！仅仅用上一种，普普通通的咖喱也会华丽变身，令人刮目相看！

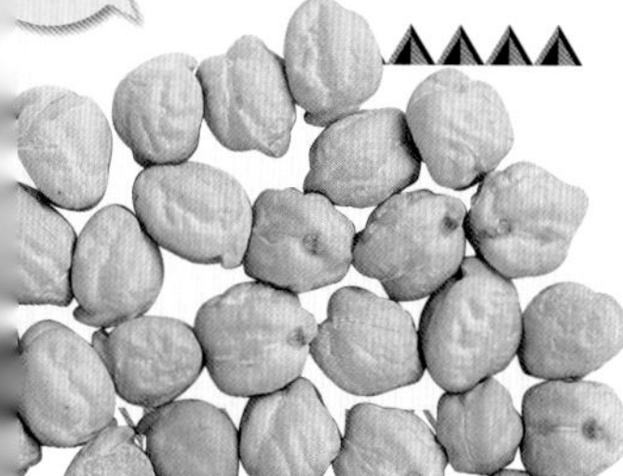

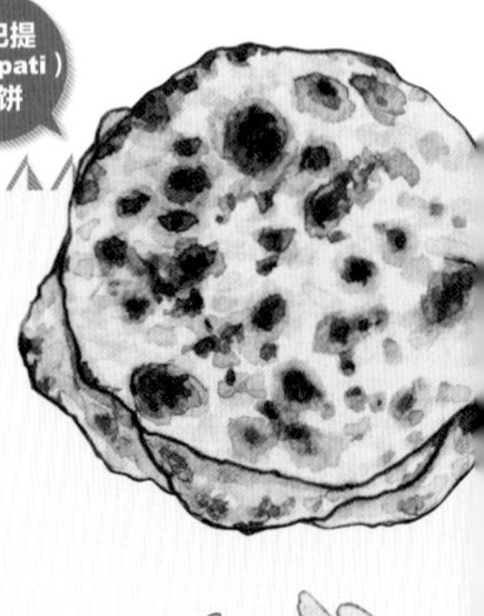

\ 法则 /

05 “名配”

能左右咖喱的味道。

面食、米饭，是咖喱的必备搭档。地区差异自不必说，不同咖喱搭配的食物也千差万别。在咖喱的老家印度，面食的种类同样很丰富。不是只有“烤馕”才是面食！

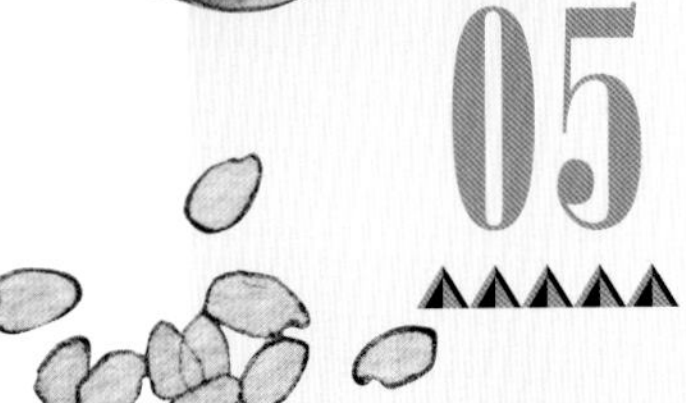

印度米

\ 法则 /

06 自制凉配菜，

引出咖喱的鲜美。

若想深入体会手制咖喱的乐趣，还要加上自己喜欢的凉配菜。除了“福神渍”腌菜、藠头之外，还可发挥新创意，不断寻找适合搭配咖喱的食材，这一点很关键！

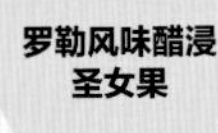

印度饭盒

\ 法则 /

07 运用正宗工具，从形式上精心讲究。

要想烹制出正经八百的咖喱，从形式上就精心讲究这一点同口味一样重要。运用正宗的烹饪工具和厨房神器，能够在享受的过程中做出美味的咖喱。

香辛料盒

\ 法则 /

08 深入研究速溶咖喱块。

咖喱块的种类多得令人眼花缭乱。若对味道和特点逐一细细研究，还能看出大众的追捧趋势。从经久不衰的畅销品种到个性派，掌控自己喜欢的咖喱块吧！

\ 法则 /
09

奶茶&奶昔，与美味咖喱珠联璧合。

吃过生猛辛辣的咖喱之后，需要喝上一杯甜丝丝的印式奶茶，或是清新怡人的印度奶昔。有此相伴，咖喱人生会更幸福。

\ 法则 /
10

采购日本美味咖喱。

利用日本特产制作的咖喱、在各地长年备受喜爱的咖喱……地方即食咖喱种类繁多，不可胜数。在自己家中，美美地享受特色十足的日本地方咖喱吧！

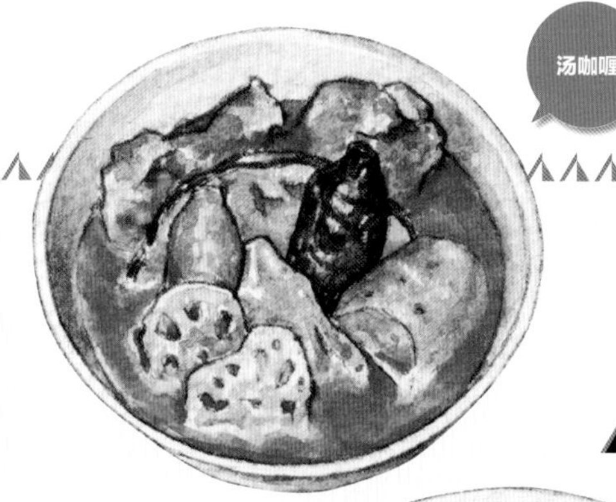

\ 法则 /

11 了解日本特有的咖喱文化。

咖喱如何成了日本的“国民美食”？日本人是怎样享受咖喱的？一起掌握一些日本独特的咖喱文化吧！

\ 法则 /

12 不得不知的咖喱小知识。

知道一些有关咖喱的杂闻逸事，你的咖喱人生将会更加充实丰满。当然，对咖喱的热爱也会更深厚！

知咖喱

走近深邃广远的咖喱世界！

魅惑十足的咖喱菜发祥于印度。在世界各地，人们吃的咖喱是什么样的？其制作方法又是如何？还有，咖喱中不可或缺的香辛料又有哪些？自己如何调配？首先，让我们来了解一下咖喱概况，走近深邃广远的咖喱世界！

遍布世界的咖喱圈

咖喱菜肴原是印度及其周边地区的食物，随着时代的变迁，逐渐传播到了全世界。

后来，经与各种饮食文化融汇交合，新颖别致的咖喱菜肴次第问世。

现在，很多咖喱菜肴还落地生根，成为该国火遍全民的风味名吃。

① INDIA［印度］

印度咖喱

咖喱圣地，口味种类花样繁多

北印度咖喱 → p.013
南印度咖喱 → p.018

② THAI［泰国］

泰国咖喱

香草与椰浆的绝妙合奏

→ p.022

③ SRI LANKA［斯里兰卡］

锡兰咖喱

高汤烹制，鲜美馥郁

在与印度相邻的岛国斯里兰卡，人们一日三餐食用咖喱。每餐会使用不同的香辛料和材料，做出2~3种咖喱。全家人围在一起吃咖喱的光景相当常见。虽然锡兰咖喱跟印度咖喱一样，属于香辛料味道突出的辛辣咖喱，但其具有以下特点：利用椰奶增加醇厚感，口感圆润；使用有马尔代夫鱼之称的鲣鱼花，鲜美浓郁，充满内涵。

④ NEPAL［尼泊尔］

尼泊尔咖喱

一汤两菜的饮食模式

尼泊尔餐食称为“达八（dālbhāt）”，由2~3种“tarkari（蔬菜咖喱）”的蔬菜、豆汤、米饭、腌菜组成，属于日常食品。所谓的“tarkari”，属咖喱的一种，相比印度咖喱，香辛料和油较少，日本人也容易接受。由于民众信仰印度教，故配料以鸡肉和豆类为主。

简历

编审
井上岳久先生

Inoue Takahisa，历任横滨咖喱博物馆制作人及该馆咖喱研究所所长；2007年起，任咖喱综合研究所所长。烹饪大师、经营顾问。出版书籍多册，有《咖喱杂学》（日东书院）等。咖喱商品开发水平举世公认。介绍秘方和佐料的网站亦收获好评无数。

专栏

咖喱味道，全球喜爱

就像日本有咖喱面包、咖喱面一样，世界各地都有本土原创咖喱风味美食。

比如德国。起源于柏林的德国咖喱肠是一种快餐食品，它是在香肠上浇上番茄酱，撒上咖喱粉制作而成。虽然味道简单，但在德国却是人气坚实的国民美食。2009年，人们为纪念其上市60周年，甚至还创办了一座德国咖喱肠博物馆。

⑤ INDONESIA

［印度尼西亚］

印尼咖喱

可按个人口味调节辣度

在自古闻名的香辛料产地印度尼西亚，很多菜肴也会大量使用香辛料。与印度一样，印尼也是家家户户常备香辛料，虽然各家调配方式不同，但咖喱都是爽口型，具有辣味较少、口感清新的特点。加上名为参巴（sambal）的辣椒酱调节辣度食用是印尼式的吃法。

⑥ PAKISTAN

［巴基斯坦］

巴基斯坦咖喱

用霸道的辛辣祛暑

巴基斯坦的饮食生活以大量使用香辛料的咖喱为主。由于该国气候炎热，故以容易下咽的汤状咖喱为多，大量使用香辛料的辛辣咖喱占主流。其邻国印度大部分国民属于印度教徒，而巴基斯坦国民约90%属于伊斯兰教徒，故配料所用肉类食材以羊肉和鸡肉为主。

⑦ MALAYSIA

［马来西亚］

马来咖喱

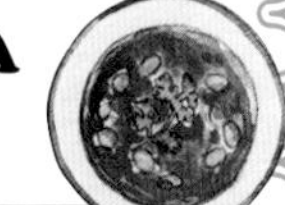

减少辛辣和刺激感

用椰奶长时间炖煮，烹制出的咖喱口感柔和，香辛料的香味和刺激感减轻。马来西亚的饮食文化就近吸取近邻文化圈特色，咖喱当中也混合了丁香、锡兰肉桂等印度干燥香辛料以及柠檬草、青柠叶等泰国香草。马来西亚特有的香辛料石古仔（candlenut）与花生相似，是烹出香味和醇厚感的必备品，除了炖煮之外，还用于烹制时增香。

⑩ EUROPE

［欧洲］

欧式咖喱

在印度咖喱基础上形成的炖煮菜

→ p.026

⑫ ETHIOPIA

［埃塞俄比亚］

非洲咖喱

炖煮咖喱，香辛料十足，辛辣生猛

→ p.030

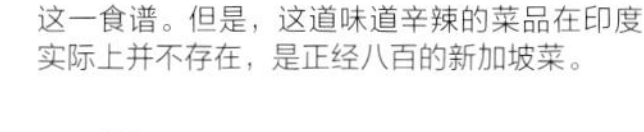

⑧ SINGAPORE

［新加坡］

鱼头咖喱

与鸡肉饭齐名的新加坡特色菜

相传为来自印度西南部克拉拉州的印度人于20世纪50年代发明，内有大个鱼头，是味道辛辣的正宗派咖喱。传闻，一个印度人看到鱼市上鱼头总被切下来扔掉，觉得可惜，于是炮制了这一食谱。但是，这道味道辛辣的菜品在印度实际上并不存在，是正经八百的新加坡菜。

⑨ ENGLAND

［英国］

咖喱鸡

口感柔和浓郁

英国自17世纪起长期统治印度，在这一时期，邂逅了咖喱。一个众所周知的事实是，该国创新的所谓欧式咖喱正是日本咖喱米饭的原型。咖喱鸡是目前在英国最受追捧的咖喱菜肴。它用番茄、奶油和黄油打底，再将用印式筒状泥炉“坦都里（tandoor）”烤熟的鸡肉加以炖煮而成。

⑪ JAPAN

［日本］

咖喱米饭

眼下风头最劲的国民美食

据考，咖喱在明治初期自英国传入日本。配料食材多种多样，有肉类、海味等等，但蔬菜多数情况下都会包括有“蔬菜三巨头”之称的土豆、洋葱和胡萝卜，这是其特点。由于口感隽永，营养价值丰富，烹饪方便，深受全民欢迎。除了经典咖喱米饭以外，还有许多创新咖喱菜肴。

⑬ GERMANY

［德国］

德国咖喱肠

咖喱风味香肠

← 参考左文

接下来，是缅甸的椰奶咖喱风味拉面（ohn noe khauk swè）。醇厚的椰奶配上鲜美的鱼露（nampla），加了柠檬草的汤汁散发着清新的香气，里面放入中式面条。其味深邃，令人欲罢不能。类似食品在泰国称“清迈面”，别名“金面（khao soi）”，可在大排档等处吃到。

⑭ MYANMAR

［缅甸］

椰奶咖喱风味拉面

Ohn Noe Khauk Swè

← 参考左文

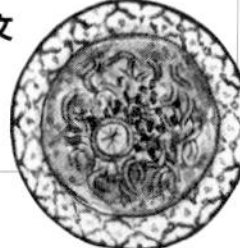

说起咖喱，当属印度！

印度咖喱

咖喱和咖喱风味食品遍布全球。这一诞生在印度的菜肴，如今以各种不同的形式，享受着全球的宠爱。在其真正的老家印度，人们是怎么吃咖喱的呢？

咖喱发祥之地

印度是咖喱的发祥地。它诞生于何时这一点并无定论，但在印度河流域文明时期，人们已经开始栽培香辛料，也有人说，咖喱的原型始于该时期。

在面积约9倍于日本的印度国土上，密密麻麻分布着大约10亿人口，多元的民族形成了各自独特的文化，由于这一原因，不同地区的饮食文化千差万别。咖喱也不例外，北部咖喱属于慵懒的浓厚风味；而南部咖喱多汤汁，口感清新。此外，在北部，相较米饭，人们更多是以烤馕和恰巴提薄饼作为主食；而在把米饭当主食的南部，可能是为了方便浇在米饭上，人们做的咖喱汤汁丰富。而且，一般说来，越往南走，味道越辣。

北印度咖喱的关键词

01 小麦文化

北印度的普通主食是小麦。但是，与日本人非常熟悉的烤馕相比，恰巴提薄饼更为常见（→P.130）。为了搭配面食，咖喱多口感滑润。

02 柔软&醇厚

使用鲜奶油、黄油、坚果酱等材料，具有味道醇厚的特点。而南印度咖喱的特点在于味道简单，以清新爽口者居多。

03 格兰姆·马沙拉[①]

这是一种混合型香辛料，掺杂了丁香、锡兰肉桂等多种香辛料，主要用于增香。不同菜肴，不同家庭的调配方法各式各样。它与炖菜非常搭配，在北印度咖喱中相当常见，但在南印度咖喱中几乎不用。

① 译注：印度语发音为“garam masala”，“garam”意为“辛辣”，“masala（马沙拉）”意为“混合香辛料”。

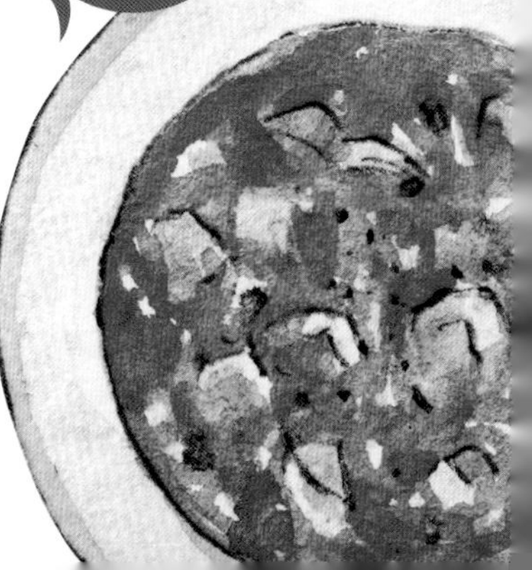

南印度咖喱的关键词

01 稻米文化

尽管存在地区差异，但在稻作兴盛的印度南部，普通主食是大米（→P.126）。印度米出锅后不似日本米，没有黏性，口感松散。米粉和豆粉掺配制作的“多莎（dosa）”薄饼也是一种休闲食品。

02 参巴酱汤

炖煮豆类和蔬菜做成的汤状咖喱。非常适合配米饭，人们几乎每餐必食。其地位与日本的味噌汤[②]相当。与味噌汤一样，其味道各家各户、不同店铺也各有特色。

② 译注：一种日式佐餐酱汤。汤中放入蔬菜、豆腐等材料，煮开后融入“味噌”而成。“味噌”为日本对面豉酱的称呼。

03 咖喱米饭套餐（Meals）

一种南印度风味套餐，它把多种咖喱、沙拉、凉配菜和主食米饭等都盛到一个盘子里。还有用芭蕉叶代替托盘使用的情况。

辛辣之余不失醇厚，美味异常

北印度咖喱

北印度是以烤馕和“坦都里烤鸡”为代表的“坦都里菜”的发祥地。受莫卧儿帝国宫廷菜影响，人们使用乳制品和坚果酱，做成的咖喱以醇厚圆润者居多。

基础知识 01

具有代表性的 香辛料&调味料

区分使用20多种香辛料，成菜香味浓郁，口感格调高雅。

阿喜莉亚大崎店大厨
拉贾姆·贾特老师

数据

阿喜莉亚（AHILYA）大崎店

东京都品川区大崎 1-11-5
门户城市大崎大厦 1F
☎03-3492-3084
营业 / 11:00~15:00、17:30~23:00
（末次点单 22:30）
休息日 / 无休

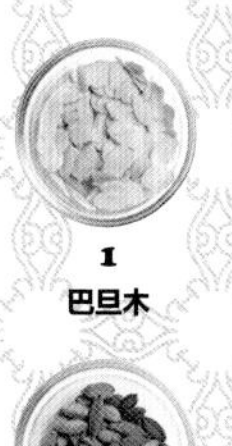

1 巴旦木

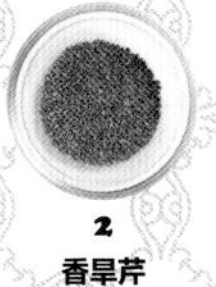

2 香旱芹

3 腰果

4 葫芦巴叶

5 格兰姆·马沙拉

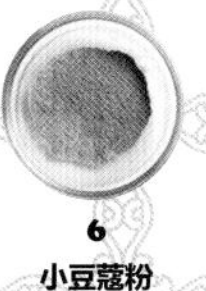

6 小豆蔻粉

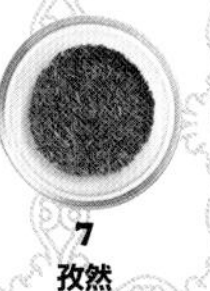

7 孜然

8 孜然粉

9 绿豆蔻

10 丁香

11 芫荽粉

12 藏红花

13 锡兰肉桂

14 加特拉香料

15 姜黄粉

16 辣椒

17 辣椒粉

18 甜椒粉

19 棕芥籽

20 黑豆蔻

21 黑胡椒

22 黑胡椒粉

23 白胡椒粉

24 肉豆蔻

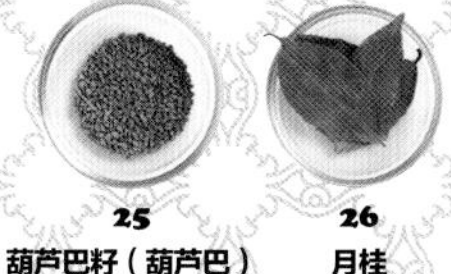

25 葫芦巴籽（葫芦巴）

26 月桂（月桂叶）

1、3坚果类为北印度特色　2风味与百里香类似　4、25种下葫芦巴籽，就能得到葫芦巴　5为混合型香辛料　6、9又称“香料皇后”　7、8为打底香味　10具有香气浓烈的特点　11基础香辛料之一　12、15、18用于增色　13香气具有清凉感　14为罕见香辛料　16、17用于增辣　19与水反应后，辣味增加　20与绿豆蔻不同种　21~23希望调出辣味和香味时使用　24为包裹肉豆蔻种子的外皮部分　26炖煮菜常用

醇厚浓郁的咖喱，王公贵族也喜爱

北印度咖喱大量使用乳制品和坚果类，其特点在于口感大多柔软醇厚，香味浓烈的香辛料用起来毫不吝啬。餐馆自不必说，在普通家庭，按照菜肴，配合孜然、锡兰肉桂等材料的格兰姆·马沙拉也不可或缺。在居日印度人频繁出入的北印度餐馆“阿喜莉亚”，能够品尝到来自北印度的大厨烹制的正宗味道。

“由于口味并未迎合日本人做出改变，所以客人能够品尝到与印度相同的味道。很多菜没有写到菜单上，客人如果有自己喜欢的口味、希望品尝的食材，可尽管提要求”，餐馆老板阿米特巴·库玛尔·辛介绍说。

咖喱打底的酱料按照食材，分别使用洋葱、番茄、腰果，以及将其和在一起的番茄酱汁（lababdar）这 4 种。按照食材，区分使用底料和香辛料烹制是北印度咖喱的看家本领。

番茄

番茄富含甜味成分。在北印度，人们有时候会将其用细筛过滤，使其更加细滑可口。

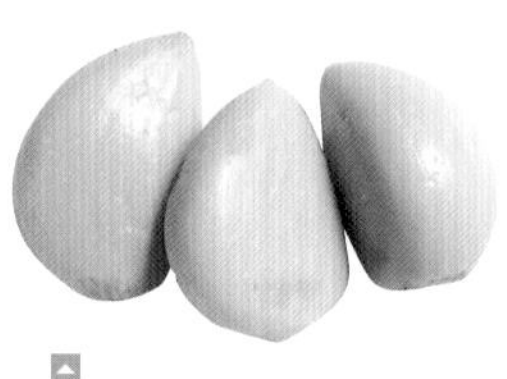

大蒜

尽管能够提味增香，但需注意，如果炒过火，其特有的香味就会变得发苦。

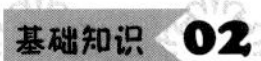

具有代表性的食材

除了咖喱底料使用的洋葱、番茄之外，香味蔬菜的地位同样不容小觑。除此以外，人们还经常用到用黄油精制成的“酥油（ghee）”和酸奶等材料。

芫荽

除了粉状物以外，使用新鲜品的情况也很多。人们也常用其做装饰。

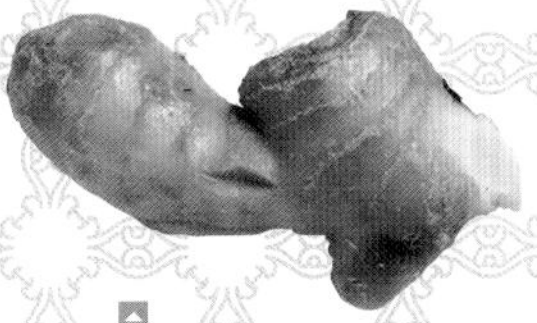

生姜

因具有补益强壮作用和健胃作用而知名。可用于消除肉类等的腥臭味，或与大蒜一样，用来增添风味。

青辣椒

成熟前收获的辣椒。有别于红辣椒，成菜辣味清新。即使只用少许，辣味也会剧增。

奶油鸡

Butter Chicken

使用番茄底料+黄油和打成泥状的腰果等材料制成的酱，炖煮坦都里泥炉烤鸡肉而成。这道菜在印度和日本都很受欢迎。

洋葱

甘甜和香气独具特色，是全球菜肴的必备品。北印度的做法是，用略多点油细细炒透，使其产生甜味。

要领

在“阿喜莉亚”每日一变的午餐中最具人气。午餐为每日一换的咖喱1种+沙拉+刚出锅的烤馕或者米饭（米饭不限量）。

基础知识 03

具有代表性的咖喱

在北印度咖喱中，以最普遍的奶油鸡为代表，人们使用乳制品和坚果烹制咖喱，具有口感圆润的特点。

要领

“印度人非常爱吃鸡肉和羊肉”，餐馆老板辛说。同为羊肉，使用腰果酱做的“腰果咖喱羊肉”就不辣。

罗根乔咖喱羊肉

Mutton Rogan-Josh

使用羊肉烹制的代表性咖喱。使用洋葱、番茄和香辛料调味做成的羊肉，味道辛辣，吃后辣味持久，余韵悠长。

要领

“Palak”意为菠菜，“Paneer”意为印度风味的松软干酪。菠菜的绿色，鲜艳别致，是为素食者提供的代表性咖喱。

菠菜奶豆腐

Palak Paneer

使用自制奶酪制作的菠菜咖喱。“青豆奶酪”（青豌豆咖喱）同样使用自制奶酪。

奶油黑扁豆

Dal Makhani

具有代表性的豆类咖喱。使用煮熟的青豌豆、金时豆、白芸豆等5种豆类。底料为黄油和鲜奶油酱，口感香滑。

要领

煮至豆不成形的咖喱稀烂黏糊，豆类松软，芳香融入其中。是最受素食印度人欢迎的菜品。

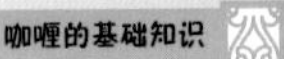

在家中做
北印度咖喱

咖喱帕可拉

Curry Pacola

基础知识 04

具有代表性的北印度咖喱

Curry Pacola

咖喱帕可拉的烹制方法

据悉，实际上，在印度，名字被冠以“curry（咖喱）”的食物唯此而已。这是印度人非常喜爱的咖喱之一。帕可拉（pacola）是用鹰嘴豆（鸡豆）粉做配料油炸而成的印度风味天妇罗。由于酸奶的酸味形成的口感异乎寻常，所以最好边确认酸度，边调味。

材料（4人份）

A

菠菜……1 把
土豆……1 个
鹰嘴豆（鸡豆）粉……50 g（面粉亦可）
洋葱碎……1/2 个的量
青辣椒碎……2 个的量
姜末……10 g
蒜泥……5 g
盐……2 g

★香辛料
香旱芹籽……2 g
姜黄……4 g

B

鹰嘴豆（鸡豆）粉……70 g（面粉亦可）
酸奶……150 g（依口味加减）
盐……2 g
水……1.5 L

★香辛料
姜黄……2 g
茴香粉……1 g

C

★香辛料类
阿魏……1 小撮（无亦可）
洋葱籽……2 g
九里香叶……4~5 片（如无，换成月桂叶 2 片）
孜然……2 g
芫荽籽……2 g
辣椒（整根）……2 根
辣椒粉……4 g
芥末籽……2 g

准备工作

1. 土豆煮熟后去皮，切丁。
2. 菠菜切碎。
3. 准备 160℃ ~170℃的油炸用油（分量外）。

烹制方法

1 材料 A 全部放入碗内，慢慢加水，同时用手搅拌，直到材料混合成团，成为照片中所示状态。

2 团成一口大小丸状，油炸。

3 炸至照片所示状态后，取出，沥净油。

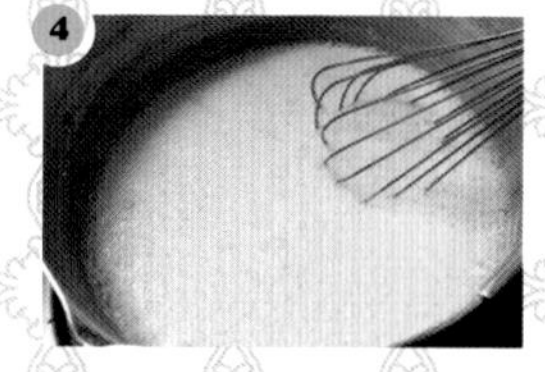

4 材料 B 全部放入稍大一点的锅内，开中火，约煮 30 分钟。其间不断搅拌，以免焦煳（途中视情况加水）。

5 锅内呈黏稠状，姜黄的黄色变鲜艳后，转小火。

6 色拉油（分量外）用平底锅烧热，放入材料 C（辣椒粉除外）。发出香气后，倒入⑤内。

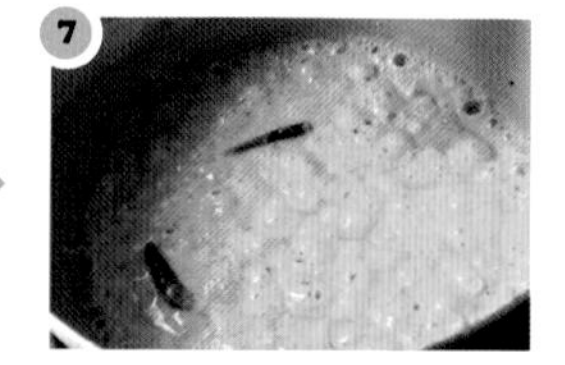

7 再加入③，约煮沸 20 分钟（大火煮开锅后，转小火）。品尝辛辣程度，用辣椒粉调味。

大量使用蔬菜，营养健康是亮点！

南印度咖喱

大量使用蔬菜和豆类是印度南部的特点。在近海地区，人们还经常使用鱼贝类。由于不经煮炖，短时间内出锅，所以味道清新爽口，可品味到香辛料朴素的香味。

数据

南印度菜肴 达克什（DAKSHIN）八重洲店

东京都中央区八重洲2-5-12
普雷大厦B1
☎03-6225-2640
营业/ 11:00~15:00（末次点单14:30）、17:30~23:00（末次点单22:00）。周六日、节假日：11:00~15:00（末次点单14:30）、17:30~22:00（末次点单21:00）
休息日/无休

知识讲解……

南印度菜肴
达克什八重洲店
大厨
坎南老师

基础知识 01

具有代表性的
香辛料&调味料

除了使用形形色色的香辛料以外，
还会使用罗望子浸泡汁等特色材料。

1 葫芦巴籽
用于增香的豆科香辛料。

2 茴香籽
特点在于芳香甘甜、有苦味。

3 九里香叶
原产于印度的芸香科乔木树叶。除了柑橘类特有的清香之外，还具有香辛料的香味。

4 大蒜
大块压扁使用。

5 青辣椒
南部咖喱特有的清新辣味的来源。

6 色拉油
南部特色是用植物性油脂，不用动物性油脂。

7 姜黄
给咖喱着色的重要材料。

8 盐
南部咖喱多调味简单。

9 芥末籽
南部备受喜爱的香辛料之一，有微酸味和苦味。

10 芫荽粉
调制南部咖喱特色清新风味的重要法宝。

11 红辣椒粉
干辣椒的果实研磨而成。

12 罗望子水
具有独特酸味的植物浸泡水，在泰国，人们也经常食用。

基础知识 02

具有代表性的食材

洋葱和番茄是甜、酸、鲜的关键所在。南印度做法是不做长时间炖煮，保留其口感。

番茄

多数番茄的酸味比日本的更浓烈。除了与蔬菜一起煮成咖喱食用外，还有与米饭一起煮的做法。

白色鱼

近海地区多使用鱼贝类也是南印度咖喱的一大特点。人们使用香辛料烹制淡白色的白鱼、虾、蟹等甲壳类，风味馥郁。

洋葱

不像欧式咖喱那样炒成琥珀色，保留口感是其特色。

品味原料本身的味道和香辛料的香气

在南印度，除了秋葵、苦瓜等在北部不怎么使用的蔬菜、豆类以外，在沿海地区，人们还会经常使用鱼贝类。“少油脂，多蔬菜和豆类是南印度特色。为了发挥材料本身的味道，调味也很简单，所以也有益于身体”，达克什的老板拉塔说。

香辛料的使用方法也很有特色，人们会使用芥末籽、九里香叶以及东南亚菜肴中常见的罗望子等材料，增加独特的辣味和酸味。此外，据说南印度人家中还会把很多香辛料当作药材来使用。说起来，按照口味和身体情况区别使用香辛料的南印度菜肴就是一种药膳。

南部虽然是以食用米饭为主，但是也会吃用全麦粉面坯炸成的“普里（Puri）”油炸饼，还有把面粉做的面坯卷成螺旋状烤制的“帕拉塔（Paratha）”煎饼等面食（→ P.130）。

基础知识 03

具有代表性的 咖喱

南印度咖喱味道清新爽口。因素食人口较多，故以豆类和蔬菜作为主料的咖喱也很有特色。

要领

科钦地区家常食用。既具有清新的酸味，虾的鲜美也令人回味不已。

科钦虾咖喱

Cochin Chameen Curry

克拉拉地区风味虾咖喱（Prawn Curry）。利用虾的鲜美和Q弹的口感，成菜辣味恰到好处。

要领

善用不同的香辛料，羊肉特有的膻味也能变鲜美！

迈索尔羊肉丸咖喱

Mysore Kaima Undae

羊肉碎掺入多种香辛料做成的肉丸咖喱。利用椰奶添加醇厚与甘甜的口感也是南印度咖喱特色。

要领

在达克什餐厅，蔬菜咖喱、参巴酱汤、干炒蔬菜（Poriyal）每日一换。米饭、参巴酱汤、“拉萨姆（Rasam）汤”不限量。附送印式奶茶。

南印度蔬菜美食咖喱米饭套餐

Meals

南印度的一种经典套餐。芭蕉叶上放主食米饭、参巴酱汤、干炒蔬菜和泡菜（achaar）等菜肴，用手抓食。除了图片所示之外，还送“普里”油炸饼。

1 泡菜（辣泡菜）
2 干炒蔬菜（香辛料炒蔬菜）
3 巴斯马蒂香米
4 参巴酱汤（豆类咖喱）
5 每日更新蔬菜咖喱1
6 每日更新蔬菜咖喱2
7 拉萨姆汤（咖喱汤）
8 豆饼（papad）

碎菜豆混合咖喱

Keerai Kothu

使用菠菜和扁豆作为主料做成的咖喱，口感柔和。丝毫未用辣味香辛料。

要领

黏稠感源于扁豆。“Keerai”意为菠菜等青菜，“kothu”指碎叶蔬菜咖喱。

基础知识 04

具有代表性的 南印度咖喱

Fish Curry

南印度风味咖喱鱼的烹制方法

使用南印度咖喱口感清新的罗望子（豆科热带植物）和番茄做成，味道清淡可口。亦可使用与本次所用鳕鱼风味相似的大头鳕鱼。

材料（2人份）

白色鱼（无须鳕鱼）……200 g
番茄…… 中等大小 1/2 个
洋葱…… 中等大小 1/2 个
大蒜……2 瓣
青辣椒（整根）……2 根
罗望子……1.5 小匙
色拉油……3 小匙
盐……少许
水……150 mL

★香辛料整料
九里香叶……1 小匙
芥末籽……1/4 小匙
葫芦巴籽……1/4 小匙
茴香……1/4 小匙

★香辛料粉料
芫荽……1 小匙
姜黄……1 小匙
辣椒粉……1 小匙

准备工作

罗望子用水浸泡，直到变软（浸过的水后面还要用，勿倒掉）。

烹制方法

1 白色鱼切成一口大小，洋葱、番茄、青辣椒切碎。

2 平底锅内放色拉油，开火，放入芥末籽。

3 芥末籽发出噼噼啪啪的声音，开始弹跳后，把青辣椒和剩余的香辛料整料全部放入。

4 香辛料变色后，加入洋葱，炒至变为褐色。

5 放入番茄，继续炒，加入香辛料粉料和盐，稍作搅拌，使之混合到一起。

6 倒入浸过罗望子的水。

7 加入压扁的大蒜和白色鱼，煮开锅后稍顿，关火。

香草与椰奶是味道的决定因素

泰国咖喱

泰国咖喱汤汁在泰语中称“gaeng”。它是自宫廷菜诞生而来的炖煮菜肴，主要材料为混合了香草、香辛料的酱料和椰奶。又，在泰国点“咖喱”的话，端上来的将是欧式咖喱。

基础知识 01

具有代表性的 香辛料&调味料

在泰国，以鱼露为代表的特色饮食文化大放光彩。咖喱同样个性斐然，独具特色。很多东西在地方特色食材店也能轻松买到，全部备齐就再好不过了！

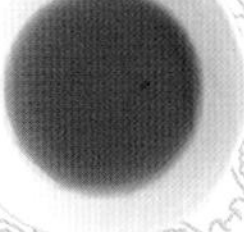

鱼露

泰国特产调味料，通过盐渍日本鳀鱼发酵熟成制作。除了咖喱之外，还被用于烹制许多菜肴。

咖喱酱

用“老鼠屎”辣椒和香草作底料。还有红咖喱、黄咖喱、绿咖喱等各种酱料。

青柠檬叶（Baimakrut）

箭叶橙（青柠的一种）的叶子。香味具有清凉感。在东南亚全境，人们经常将其用于炖煮菜肴。

椰奶

泰国咖喱特有的圆润口感、甘甜芳香源于椰奶。也可使用椰子粉代替。

味之素味精

泰国普通家庭也很常见的鲜美调味料。尽管不放也很好吃，但是用了之后，口感会更深邃。

南姜（Kha）

姜的同类，具有温热身体的效果。比生姜个头更大，香味更强烈。可消除肉类等的腥臭味。

泰国特产“老鼠屎”辣椒，是泰国咖喱的辣味来源

眼下，泰国咖喱在日本也已成为经典咖喱之一。椰奶的圆润甘甜中弥漫着充满刺激感的辛辣味道，大受欢迎。严格来讲，泰国咖喱属于汤的一种。在泰语中，汤汁统称“gaeng”。辣椒、香草磨碎做成的酱起着速溶咖喱块的作用，而用椰奶炖煮各种食材属于其主要烹调方法。

使用风味独特的鱼露、罗勒等香草以及“老鼠屎”辣椒，成菜辛辣，有滋有味，这一点很关键。在年平均气温35℃以上的泰国，无论口感还是辛辣的味道，人们都喜欢实实在在的感觉。

“对于日本人来说，做得太辣不行，做菜的时候请同时品尝味道”，“帕夭（PHAYAO）”餐厅的拉克萨尼老师介绍说。

基础知识 02

具有代表性的 食材

咖喱中所用食材并无特别固定的法则。除了鸡肉、茄子之外，亦可按照个人喜好，使用虾或鱼贝类食材。

“老鼠屎”辣椒

泰语中称辣椒为“prík”。其中公认辣味尤甚的是“老鼠屎”辣椒，特点是个头不大，长2 cm~3 cm左右，细而长。

鸡大腿

肉类当中，鸡肉最为多见。用鸡骨汤炖鸡肉做成的“泰式鸡油饭(Khao Man Kai)”也很有名。“Kai”即为鸡肉。

柿子椒

炒菜、沙拉……在所有菜肴中均有用武之地。不仅口感好，还可用来做彩色点缀。

紫花罗勒（Bai Horapha）

泰国特产罗勒，比日本的罗勒香味浓。尽管也有冷冻品出售，但尽量使用新鲜品。

茄子

绿咖喱的必备食材。一般去皮食用。使用泰国圆茄子制作更美味，但很难买到。

砂糖

咖喱调味必备品。在泰国，人们使用从砂糖椰子树叶中提取的椰糖。

该店提供的泰国咖喱希望不能吃辣的人也能品尝，所以大胆采取柔和调味，“老鼠屎”辣椒则另用盘子单独提供。

“本次介绍的食谱并非尽善尽美。使用猪肉和虾肉烹调亦可，请在调味、辛辣程度与个人口味之间找到最佳平衡，尽情享受其中的乐趣吧！”

数据

泰国菜 帕天（PHAYAO）

东京都台东区浅草桥 1-10-8
第二石渡大厦 2F
☎03-5820-9121
营业 / 11:00~14:30、17:00~23:00　休息日 / 无休

知识讲解……
泰国菜 帕天
大厨
西林 · 路 · 拉克萨尼老师

基础知识 03

具有代表性的咖喱

新鲜香草风味殊异，
椰奶的独特甘甜浓郁醇厚。
一般说来，愈往南走，辛辣愈烈。

要领

与色调相反，辣味猛于红咖喱。希望辣味更猛烈时，多放剁碎的“老鼠屎”辣椒即可。

要领

辣味较绿咖喱弱。所用调味料基本相同，但最好略放少许砂糖。

红咖喱鸡（Kaeng Daang Kai）

Red Curry

熟透的辣椒火热红艳，看上去就很辣！“帕天”用鸡肉做主料，但在泰国，人们也会使用猪肉和牛肉。竹笋、南瓜、草菇等蔬菜同样分量满溢。

绿咖喱鸡（Kaeng Khiao Wan Kai）

Green Curry

绿色来自于咖喱酱中熬入的青辣椒、罗勒和芫荽。配料食材多使用泰国圆茄子和鸡肉，也有人用虾和白色鱼做主料。

基础知识 04

具有代表性的 泰国咖喱

绿咖喱的烹制方法

一般说来，绿咖喱在泰国红、黄、绿三大咖喱中，辣味最烈。调整青辣椒和椰奶的用量，可以品尝到较为柔和的辛辣滋味。

材料（1~2人份）

鸡大腿……………………200 g
茄子…………………大个 1 个
柿子椒…………………1/4 个
红柿子椒………………1/4 个
竹笋，水煮切丝…………适量
椰奶……………………200 mL
绿咖喱酱…………………50 g
鱼露……………………20 mL
砂糖………………………1 小匙
味之素味精………………少许
青柠檬叶…………………适量
紫花罗勒…………………适量
色拉油……………………少许

烹制方法

1 热锅后，放色拉油，加入少许椰奶和绿咖喱酱一起翻炒，直到出香味。绿咖喱酱用椰奶加热融化，酱中熬入的香草就会发出香味。

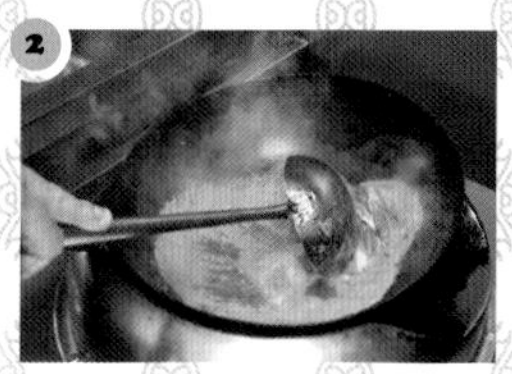

2 加入剩余的椰奶煮开，放入砂糖、味之素味精、鱼露调味，然后放入鸡大腿肉。中火慢炖，充分煮熟，使肉的鲜美渗入咖喱。

3 鸡大腿肉炖熟后，放入茄子、竹笋、青柠檬叶炖煮，直到煮熟。喜欢茄子烂软口感的人亦可炖的时间略长一些。

4 装盘，用切成丝的柿子椒、红柿子椒、紫花罗勒装饰。

新鲜香辛料&香草

与印度多用干燥香辛料形成对比的是，泰国咖喱使用的是新鲜香辛料和香草。使用新鲜材料，风味清新，是泰国咖喱的最大特点。

椰奶

用于缓和香辛料和辣椒的辛辣。泰国咖喱所用小粒、生猛辣椒“老鼠屎”，绿色比红色辣，小个比大个辣。

三大咖喱

使用红辣椒做的红咖喱、使用姜黄做的黄咖喱、使用青辣椒做的绿咖喱是泰国三大咖喱。虽然香辛料和配料食材不同，但在使用椰奶和大量蔬菜上并无二致。

正经八百做一次欧洲味道！

欧式咖喱

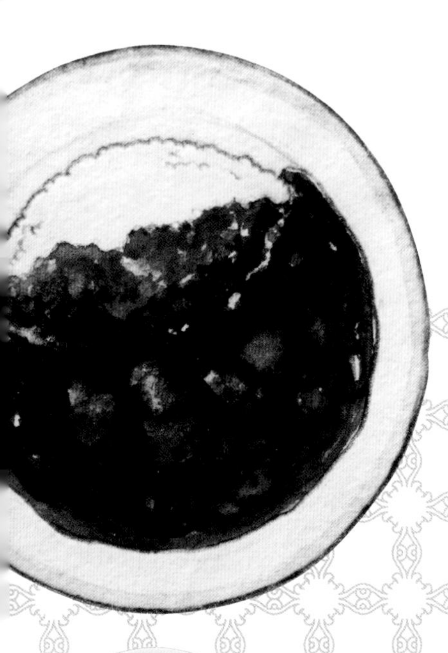

日本人最为熟悉的咖喱。作为一种炖煮菜肴，发祥于印度的咖喱自16世纪起风靡英国，并扩及世界各国。据考，咖喱传到日本是在幕末以后。

基础知识 01

具有代表性的 香辛料&调味料

此处介绍的仅为田口大厨的自创品类。没有特定规则，可谓欧式咖喱最大的特点和魅力。

特制香辛料

以多香果、辣椒粉、孜然等咖喱常用香辛料为主，按照独家方法调配而成。详细配方虽然保密，但据介绍，亦可用成品咖喱块代替。

香炒蔬菜酱（Soffritto）

在意大利语中为“加热煮制酱”的总称。“考伯沙龙”餐厅将切碎的洋葱、胡萝卜、生姜、大蒜炒透后使用，可作多种菜的底料使用。

蔬菜酱（Marmellata）

香炒蔬菜熬煮为糊状，勿使其变焦。洋葱和胡萝卜的甜味被充分引出，是田口大厨拿手咖喱的制胜法宝。

\ 小贴士 /

果酱的替代品……

“考伯沙龙”餐厅将切碎的洋葱、胡萝卜、生姜和大蒜炒制的“香炒蔬菜酱”用橄榄油煮成糊状，制成“蔬菜果酱”，加到咖喱当中。但是，蔬菜果酱做起来很费劲，推荐将3个洋葱、1根胡萝卜、50 g生姜、1瓣大蒜炒熟后，制作香炒蔬菜酱，再加入市面上出售的成品水果酸甜酱，用水溶性玉米淀粉勾芡使用。

咖喱——发祥印度，经由欧洲，自由乐享

在日本能品尝到的咖喱虽然数量惊人，但或许没有欧式咖喱那么多种类。尽管以印度咖喱为基础这一点毫无疑问，但是使用黄油等乳制品和面粉勾芡，或用小牛高汤炖煮，再或用红酒和各种水果作为佐料……百人百手，做出的咖喱应该不下百余种。

“咖喱这种东西，不管是谁，都能做得很好吃。但我想做独一无二的咖喱”，“考伯沙龙”餐厅的田口昭夫老师说。

田口老师给我们传授的是“考伯沙龙”限午餐供应的牛肉咖喱。甘甜浓

基础知识 02

具有代表性的食材

香味蔬菜是甘甜、香醇、香味的基础，多数做法是将其充分炒透、炖煮，直到仅凭外观和口感无法得知是什么食材。

高达奶酪

虽然并非必须使用，但希望成菜口感柔和时，经常会用奶酪、鲜奶油等乳制品。如果做得过辣，也可放入。

洋葱/胡萝卜/大蒜

将这些香味蔬菜切碎，炒得时间久一点，引出香味和甜味。用心操作这一工序，普普通通的咖喱会好吃数倍。除了这几种以外，"考伯沙龙"餐厅还会使用生姜。

欧式咖喱的关键词

01 勾芡

使用面粉勾芡属于主流做法。这是英国独自发明的咖喱烹制方法，在印度和泰国见不到。

02 醇厚

在西餐中，人们多加入常见的红酒、白汤以及黄油等乳制品，调出醇厚感。

03 炖煮

香辛料咖喱为了避免味道挥发，不做炖煮，但是欧式咖喱经过炖煮，美味更甚。

郁的香辛料散发出香喷喷的味道，令人垂涎欲滴，堪称极品。虽然特制香辛料配方属于企业机密，但是只要加入腌制肉类的"香炒蔬菜酱"等工序，平淡无奇的咖喱就会发生变化，成为典雅精致的欧洲味道。

数据

考伯沙龙（SALON DE KAPPA）

东京都千代田区麹町3-5-5 1F
☎03-6272-4466
营业/11:30~14:30（末次点单）、18:00~22:00（末次点单）
休息日/星期日

知识讲解
考伯沙龙
大厨
田口昭夫老师

要领

1人份仅用120 g~130 g以上的大块肉。

基础知识 03

具有代表性的咖喱

所用食材和香辛料没有特定方法的欧式咖喱能够体现餐馆特色。意式大厨田口老师操刀的“考伯沙龙”咖喱不知什么地方会令人想到意大利菜。

特制咖喱牛肉
Beef Curry

所有咖喱的基础。大块牛肉软嫩可口，可用勺子轻松切开。大火煮熟，充分锁住肉汁和鲜美的味道。

夏季蔬菜咖喱
Vegetable Curry

配以山药、秋葵等东京时令蔬菜。每种蔬菜的味道都彰显出存在感，美味不输浓郁的酱料。

高达奶酪咖喱
Gouda Cheese Curry

咖喱牛肉上铺满高达奶酪，用量毫不吝啬。味道馥郁柔和，深得女性青睐。

咖喱牛百叶
Abomasum Curry

仅在能买到新鲜牛百叶（牛的第四胃）时上桌的菜品。经过长达4小时的炖煮，牛百叶吃起来软烂可口。

油炸意式熏火腿咖喱
Mortadella Cutlet Curry

富有视觉冲击力的熏火腿（猪肉火腿肠）上裹满了香浓圆润的咖喱。与“咖喱猪排”风味略有不同。

咖喱猪排
Pork Cutlet Curry

厚切金华猪1人份130 g。酥脆多汁的猪排美味绝伦。

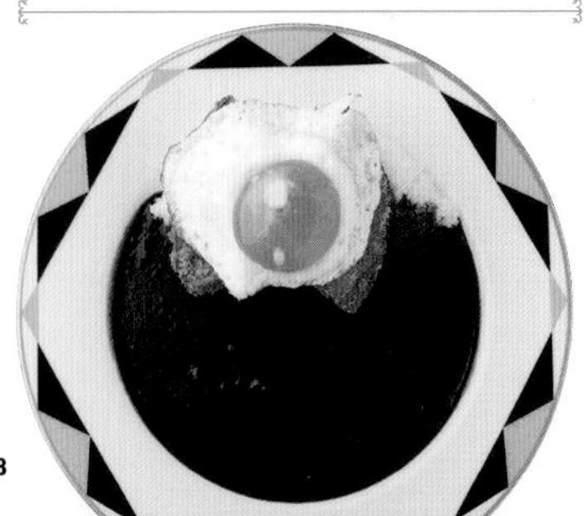

要领

酥脆的猪排配上咖喱，美味无可比拟！

基础知识 04

具有代表性的

欧式咖喱

Beef Curry

咖喱牛肉的烹制方法

牛肉炖煮前煎透这一点很关键。肉和香味蔬菜的鲜美与香辛料浑然一体，妙不可言。

材料（4~5人份）

牛肉……………………600 g
红酒……………………360 mL
蔬菜果酱……………………适量
（果酱的替代品→ P.026）
秘制咖喱块……………………适量
（成品咖喱块亦可）
牛油……………………适量
面粉……………………少许

A
蜂蜜……………………适量
苹果片……………………适量
水果酸甜酱……………………适量

★香辛料粉料
番椒……………………少许
辣椒粉……………………少许

准备工作

A 混合起来，制作腌汁，将牛肉腌制一晚。用平底锅煎之前，裹上面粉。

烹制方法

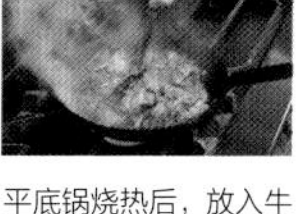

1 平底锅烧热后，放入牛油，大火煎牛肉，起锅时，浇上红酒火烧。这样不会破坏肉的鲜美和口感。

2 连肉汤一起倒入锅中，加水（分量外）至刚刚没过牛肉程度，小火慢炖5~6小时。中途水若煮干，加水。

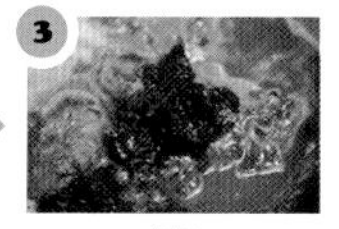

3 牛肉变软后，加蔬菜果酱搅拌。

4 放入秘制咖喱块，用香辛料粉料调味，再炖30分钟。

5 黏稠感几乎全部来自于蔬菜。若想增加黏稠感，可加入水溶性玉米淀粉（分量外）。由于黏稠度非常高，加热时需注意勿烧焦。

香辛料满满，辛辣生猛的炖煮咖喱

非洲咖喱

尽管菜品名字中没有“咖喱”的字样，但在非洲东部和北部，人们经常食用用孜然和姜黄等香辛料做的炖煮菜肴。正宗吃法是搭配英杰拉（injera，一种面食）食用。

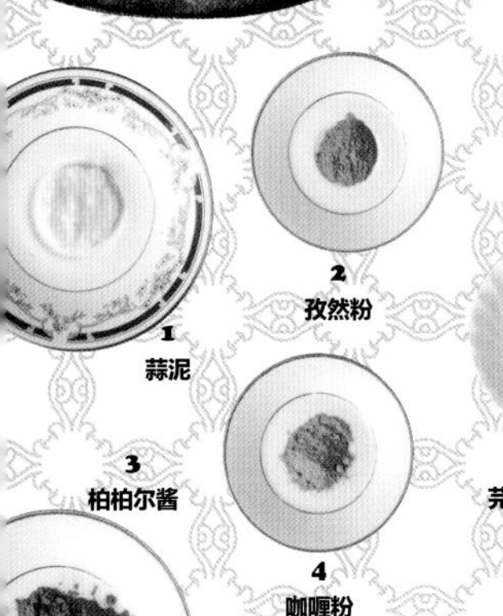

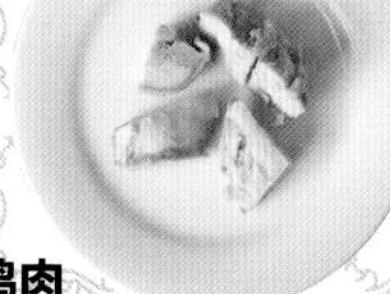

基础知识 01

具有代表性的香辛料&调味料

在非洲，香辛料的栽培和贸易兴盛地区众多，家常菜也会使用各式香辛料。

1增添风味必备　2可产生独特的香味　3埃塞俄比亚的混合香辛料，购自万德森老师的故乡埃塞俄比亚，埃塞俄比亚炖鸡肉中所用香辛料唯此一种　4增味法宝　5芫荽粉料 ※2~5用于做咖喱鸡。

洋葱

能够增添果味酸甜口感的洋葱切成粗丝使用。

鸡肉

与香辛料一起焯水变软。

基础知识 02

具有代表性的食材

有的家庭也会加红酒和番茄炖煮，但万德森老师的做法是仅使用细致翻炒洋葱渗出来的水分炖鸡肉。

基础知识 03

具有代表性的咖喱

以炖鸡肉（dorowat）为代表的炖煮菜肴中，有很多菜品与咖喱类似。

咖喱鸡

Chicken Curry

虽然味道特别辛辣者居多，但“游猎”餐馆还提供口感柔和的咖喱鸡。

节庆日的必备美食——香辛料炖鸡肉

“炖鸡肉”可称埃塞俄比亚版咖喱，是节庆时候的必备美食。这道菜在专业非洲餐馆“游猎”也很受欢迎。吃上一口，一个字：“辣！”但是，吃完之后，留下的却是出人意料的酣畅淋漓。味道的关键在于名为“柏柏尔酱”的混合香辛料。尽管很难原样再现“柏柏尔酱”的味道，但是可以调配自己喜欢的香辛料，做出个人独创口味。

数据

游猎（SAFARI）

东京都港区3-13-1
贝尔斯赤坂2F
☎03-5571-5854
营业/11:00~15:00、17:00~23:00
休息日/星期日、节假日

基础知识 04

具有代表性的 非洲咖喱

Doro Wat

埃塞俄比亚炖鸡肉的烹制方法

水一律不用，仅用洋葱的水分做成。超过15种香辛料的香味与辛辣格外突出。

材料（8~10人份）

鸡大腿……………………8 kg（带骨更佳）
洋葱……………………………………20 kg
橄榄油……………………………………少许
咖喱粉……………………………………少许
香草黄油 ※01……适量（可用黄油代替）
柏柏尔酱 ※02 …………………………适量
盐…………………………………………适量

\ 小贴士 /

※01 香草黄油（Kibbeh）

埃塞俄比亚特有的调味黄油，用洋葱、生姜和大蒜等香味蔬菜以及香辛料拌上黄油煮制而成。所用香辛料各家各户都不一样。

※02 柏柏尔酱（Berebere）

生姜、大蒜、芫荽、辣椒、多香果、肉豆蔻、孜然、锡兰肉桂、葫芦巴籽等15~20种香辛料合在一起做成的混合香辛料。与香草黄油相同，味道每家各不相同。因为较难购买，可尝试使用芫荽、辣椒、孜然作为底料，配上自己喜欢的香辛料制作。

烹制方法

1. 用加有咖喱粉的热水焯鸡大腿肉。
2. 锅烧热，放入橄榄油，将切碎的洋葱仔细翻炒1小时左右，直到炒出水分。
3. 逐渐少量加入柏柏尔酱，再一起炒1~2小时，放盐调味。
4. 放入鸡大腿肉炖，直到肉质变软。
5. 烹制时，放入香草黄油，煮开后稍顿即可起锅。

知晓香辛料
的世界后，
咖喱的世界
更宽广

一个诱人不已，“罪孽深重”的存在

香辛料探秘

自古以来，香辛料就令全世界的人们为之倾倒。
即便是在咖喱的世界，这样说也毫不过分：只有了解香辛料，才是真正的咖喱爱好者。
在能够轻松买到各种香辛料的今天，
使用即研香辛料，在家中品尝现做咖喱的美妙滋味，
迈步进入香辛料的深奥世界吧！

从历史中解读深邃的魅力

了解香辛料世界的4个关键词

自古以来，人们除了将左右咖喱味道的香辛料
拿来使用以外，还会以各种不同的形式对其进行利用。
在围绕香辛料涌现的历史中，探索诱人不已的香辛料的魅力吧！

木乃伊

Mummy

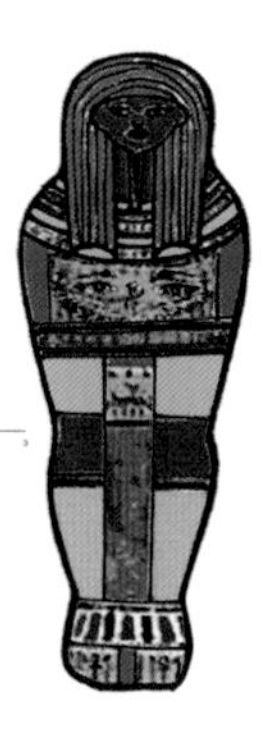

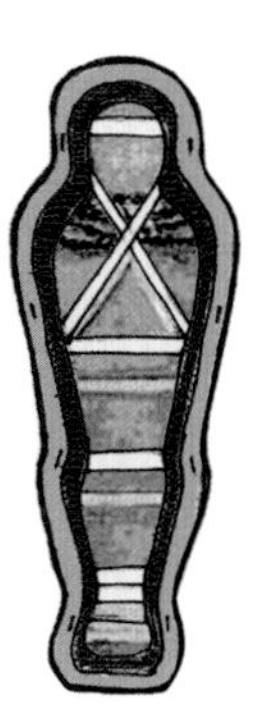

**人类与香辛料的关系
可以上溯到公元前**

据说，在古埃及，人们已经知道香辛料具有杀菌、除臭等效果，除了将其作为软膏等药品和除臭剂使用外，人们还用其代替制作木乃伊（作为死后复活的死者魂魄归来之处）用的防腐剂。

人类与香辛料：无法割断的关系

“Spice”在日语中译为“香辛料”。在咖喱当中，它是决定香味和口感的重要存在。在现代日本人的生活中，也有很多人们相当熟悉的香辛料，如胡椒、生姜、辣椒等。在人类与香辛料打交道的漫长过程中，香辛料成了生活的必备品。知晓围绕香辛料涌现的历史，就能窥见这一深邃而又充满魅力的世界。

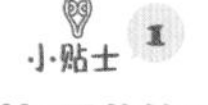

香辛料与香草的区别

Spice 译为“香辛料”，而Herb 则译为“香草”“药草”等名称，尽管二者并无严格区别，但香辛料多使用种子、根、皮等植物的坚硬部位，香草多使用叶子、花等柔软部位。

小贴士 2

香辛料整料与香辛料粉料

香辛料包括使用种子、根茎等原形形态的香辛料整料与研磨成粉末状的香辛料粉料。其基本使用方法是：整料开始时用油烧热，引出香味，粉料是在煎炒食材后混入使用。

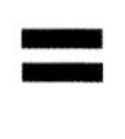

关键词 02

黑钻石

Black Diamond

香辛料曾是从东方带来的贵重商品

在中世纪的欧洲，由于其稀有性，从东方带来的香辛料价值不菲，按金银等物同等价值交易，并被征以高额税金。还有人说，在欧洲饮食文化核心——肉类的保存和调味上不可或缺的黑胡椒尤其享有“东方黑钻石”之称，尽管价格昂贵，但需求巨大。

关键词 03

大航海时代

Age of Discovery

为了寻找香辛料，欧洲各国开船驶向大海

中世纪的欧洲对香辛料的需求越来越大，但通过东方贸易带来的数量不多，其价格一个劲儿地蹿高。西欧各国向远洋航海进发的目的之一就在于开展自由贸易，与产地直接进行香辛料交易。于是，大航海时代拉开了帷幕。

香料群岛

Spice Islands

欧洲各国无一不垂涎万分的岛屿

香料群岛是漂浮在印度尼西亚的塞兰海和班达海上的摩鹿加群岛的别称。因自古以来香辛料种植兴盛，大航海时代拉开帷幕后，围绕岛屿的所有权，欧洲各国之间争战不休。从为了得到香辛料而不惜发动战争这一点我们也能看出，在当时的欧洲，香辛料是多么的珍贵。

专题 02

香辛料咖喱的乐享方式

东京咖喱~番长 水野仁辅老师亲授

用香辛料做咖喱和印度菜是水野老师生活的一部分，他给我们讲述了香辛料咖喱的无穷魅力。

第1部分

实际上非常容易！从4种香辛料入手

种类繁多，不知道用什么好？
答案很简单！只要把底料用香（风味）、色、辣，与烹制香味（风味）用香辛料组合起来即可。

＼ 底料香味！ ／

孜然 → p.041

＼ 增香！ ／

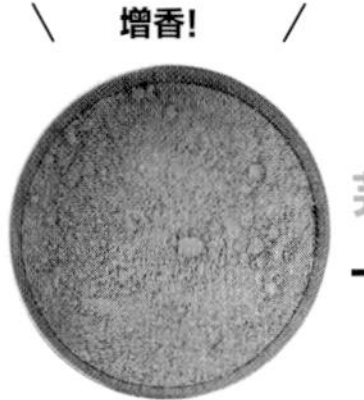

芫荽 → p.041

＼ 增色！ ／

姜黄 → p.039

＼ 增辣！ ／

番椒（辣椒） → p.040

只要具备4种基本香辛料，就能做出多种咖喱。如果还想多加一些香料，可以试试用下面的香辛料整料代替孜然。打底用孜然，适合蔬菜类菜品；下面的组合适合肉类菜品。

如要增加香辛料

小豆蔻

丁香

锡兰肉桂

知识讲解……

水野仁辅老师

Mizuno Jinsuke，私厨上门机构“东京咖喱~番长”厨师领班。此外，为了传播印度和香辛料菜肴，他还组建了“东京香辛料番长”，对于水野老师来说，香辛料是一种极为亲切的存在。家中厨柜上，香辛料同样琳琅满目。

所用工具一口锅即可，也无须提取汤汁！

“香辛料咖喱的特点在于，即使不使用任何增鲜剂，也能做得美味可口。所以，这种菜做起来不费吹灰之力，用一口锅就能轻松搞定，非常简单！”

据说，印度几乎不存在发酵调味料文化。印度人发挥香辛料的作用，引出食材本身的味道，无须借助增鲜剂的力量，就能演绎出无与伦比的美味。

“印度菜使用的香辛料种类并不多。几种香辛料组合起来，就能呈现出无限丰富的变化”。

第2部分

制作香辛料咖喱的6个基本步骤

香辛料咖喱的烹制方法相当简单。
不管哪种咖喱，基本上按照水野老师传授的
以下步骤操作即可。

咖喱的根本

步骤1 使用香辛料整料，为底料增香

步骤2 使用洋葱、大蒜、生姜，为底料加味

步骤3 使用香辛料粉料，添色、增香、加辣

步骤4 用番茄增鲜

烹制

步骤5 放入食材

步骤6 加水

基本香辛料使用方法

“香辛料咖喱的材料仅为油、香辛料、食材和盐。步骤也只有6步。只要记住这些，不管什么咖喱都能做出来。”

具体来说，先炒构成底料香味的香辛料整料，再用香味蔬菜增添风味后，使用烹制食材用香辛料粉料增香、加辣和添色。

以4种基本香辛料为例，首先，第一步是炒孜然。香辛料受热会迸发出香气，要一直炒到咕嘟咕嘟冒泡，香气散发。在步骤4中，加入其他香辛料粉料。其中的番椒起着调节辣味的作用，如果爱吃辣，就多放一些；不能吃辣，就略微少放。

第3部分

10分钟出锅咖喱鸡，轻松掌握，自由创新！

接下来，进入香辛料咖喱实际烹饪阶段！开火热锅，10分钟即可做好，超级简单！

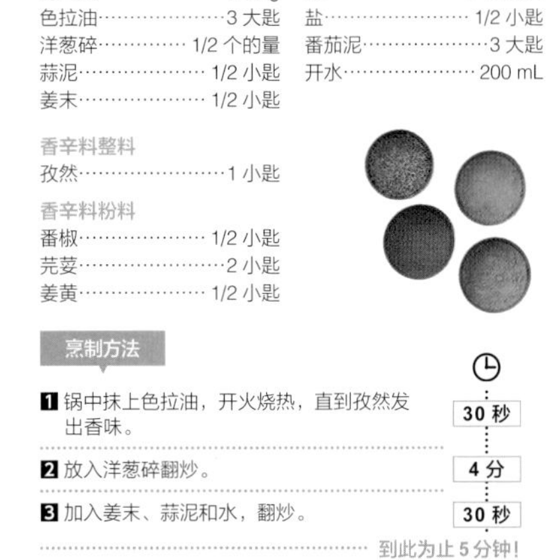

材料

鸡大腿……250 g
色拉油……3 大匙
洋葱碎……1/2 个的量
蒜泥……1/2 小匙
姜末……1/2 小匙
水……2~3 大匙
盐……1/2 小匙
番茄泥……3 大匙
开水……200 mL

香辛料整料

孜然……1 小匙

香辛料粉料

番椒……1/2 小匙
芫荽……2 小匙
姜黄……1/2 小匙

烹制方法

1. 锅中抹上色拉油，开火烧热，直到孜然发出香味。 30 秒
2. 放入洋葱碎翻炒。 4 分
3. 加入姜末、蒜泥和水，翻炒。 30 秒

到此为止 5 分钟！

4. 放入香辛料粉料，加盐。
5. 放入番茄泥。
6. 翻炒鸡大腿肉。

到此为止 6 分钟！

7. 放盐，加开水炖煮。 4 分

10 分钟，完成！

掌握咖喱鸡后，下一步做什么？

水野老师演绎的咖喱鸡超级简单，10分钟就能出锅。掌握这道菜之后，接下来要挑战多种创新。

“首先，从不改食谱、换用食材开始。用虾肉、猪肉代替鸡肉也会很好吃哦！接下来，可以尝试用椰奶或者鲜奶油代替水。这样口感会变得格外圆润。最后一步是香辛料创新！”

先从改变香辛料整料开始。使用小豆蔻、丁香和锡兰肉桂的合奏代替孜然，做成的香辛料咖喱风味不同，紧致可口。

了解越多，沦陷越深

咖喱香辛料 大图鉴

我们从数量众多的香辛料当中，选取咖喱所用的代表性香辛料进行介绍。
从初次见到，到虽有所闻但是不知其用途者……
香辛料的世界千变万化，精彩无限，敬请品鉴。

基本香辛料如下：

No.001

姜黄 Turmeric

Curcuma Longa

根茎干燥后去皮，磨成粉。

咖喱粉的主要原料之一。咖喱的黄色多源于此香辛料。另，日本的黄色渍萝卜也用姜黄调制。近来，姜黄因具有益肝作用而为人们所熟知。

虽然人们也会用其代替藏红花增色，但是风味截然不同。因其有土腥苦味，需注意勿添加过量。姜黄多以粉末状出售，而非根茎状。

中文名称：郁金
日本名称：郁金
植物特征：姜科，多年生草本植物。根茎黄色~橘黄色
风味特征：土腥苦味
利用部位：根茎
咖喱中的使用方法：增色

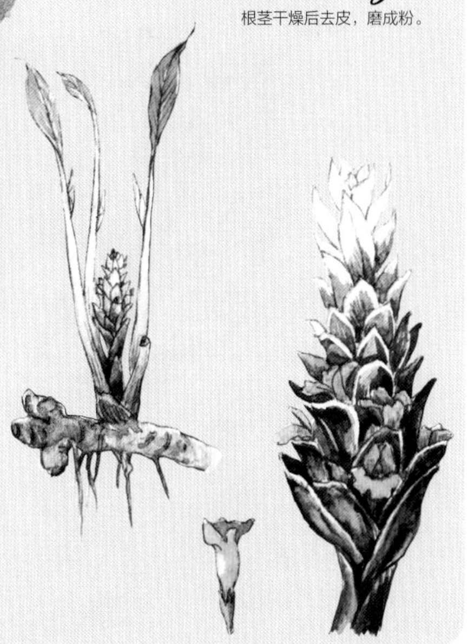

No.002

辣椒
Chili

红辣椒

番椒

甜椒

虽然统称辣椒，但形状、个头、味道、颜色各不相同。既有柿子椒、甜椒等一年生草本辣椒，也有番椒等多年生草本辣椒，有辣味的多为多年生草本辣椒。生辣椒亦因富含维生素C而知名。

红辣椒干燥后做成粉末即为红辣椒粉。其辛辣非常耐高温，炖煮后辣味也不会减弱，具有颗粒越细，对味觉的刺激越强的特点。番椒中原产于南非者辣味非常生猛，是热带地区主食调味的必备品。甜椒是没有辣味的辣椒，由于其色素成分易溶于油，故粉料主要用于红色着色用途。

又，辣椒粉本意并非辣椒磨成的粉，而是以辣椒粉为主的几种粉料的混合物。

中文名称：辣椒
日本名称：唐辛子
植物特征：辣椒属茄科一年生草本植物或者多年生草本植物
风味特征：因品种而异。一般说来，个头小、皮薄者辣；个头大、皮厚者不辣
利用部位：果实
咖喱中的使用方法：增辣/增色

Capsicum frutescens

番椒等多年生草本辣椒多有辣味。去掉种子可调节辣味。

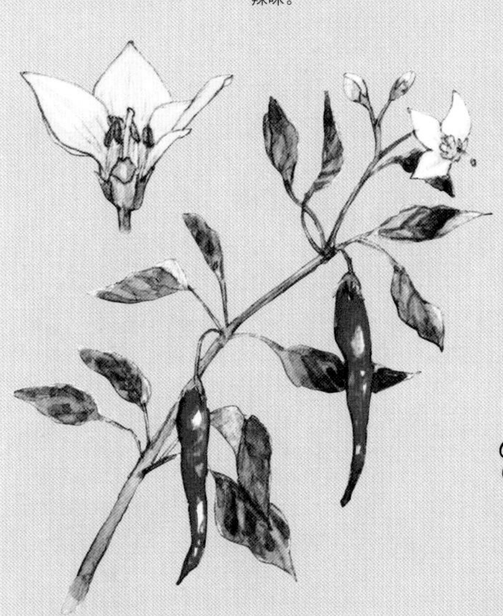

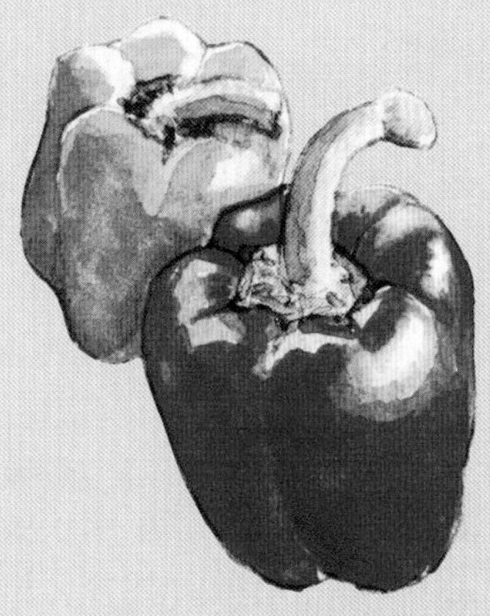

Capsicum Annuum

甜椒等一年生草本辣椒多无辣味。作为香辛料使用的是红甜椒。

No.003

孜然
Cumin

Cuminum Cyminum

据考，孜然种植历史悠久，亦用于制作木乃伊。目前仍在全球各地菜肴中使用。

原产于埃及的莳萝种子干燥物。具有刺激性芳香，微有苦味和辛味。属于基本香辛料，是咖喱香味的决定因素。亦用于调制酸甜酱（chatni）和格兰姆・马沙拉。

除了保留种子形状的孜然（上图）之外，研成粉末的孜然粉也能买到。孜然与葛缕子籽形状相似，容易混淆。

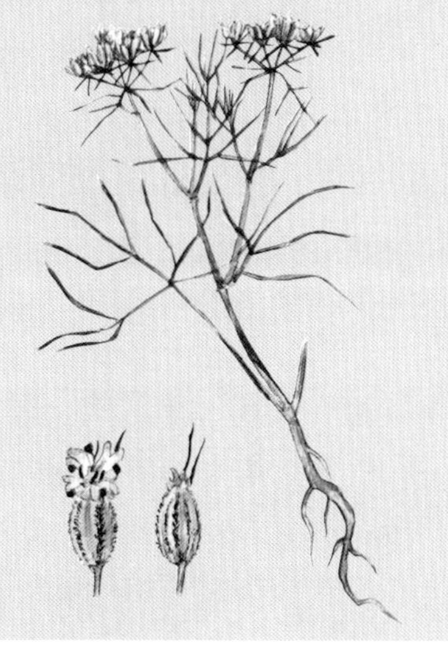

中文名称：孜然芹
日本名称：马芹
植物特征：伞形科一年生草本植物。高约30 cm，种子呈椭圆形，长5 mm~6 mm
风味特征：具有略微发冲的特有强烈芳香。亦微有苦味、辛味
利用部位：种子
咖喱中的使用方法：增香

No.004

芫荽
Coriander

Coriandrum Sativum

叶子部位做香草使用。虽也会被称为“中国香芹”，但与香芹不是同种植物。

咖喱粉的主要原料，是构成咖喱风味基础的香辛料之一。为原产于地中海地区的香菜（泰语发音“phakchi”）种子干燥物，与作为香草使用的叶子风味迥异，特点为具有类似于柠檬与鼠尾草相混合的芳香与柔和甜味。

除了保留种子形状的芫荽籽（上图）以外，还可购买磨成粉末状的芫荽粉。

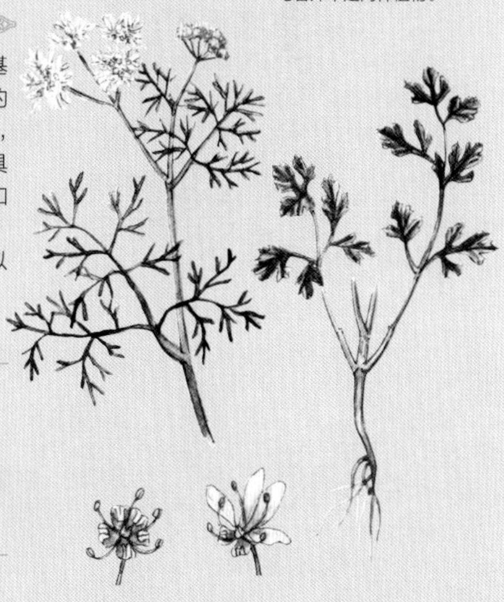

中文名称：芫荽
日本名称：胡荽子
植物特征：伞形科一年生草本植物
风味特征：香气清新，味道甘柔
利用部位：种子
咖喱中的使用方法：增味

No.005

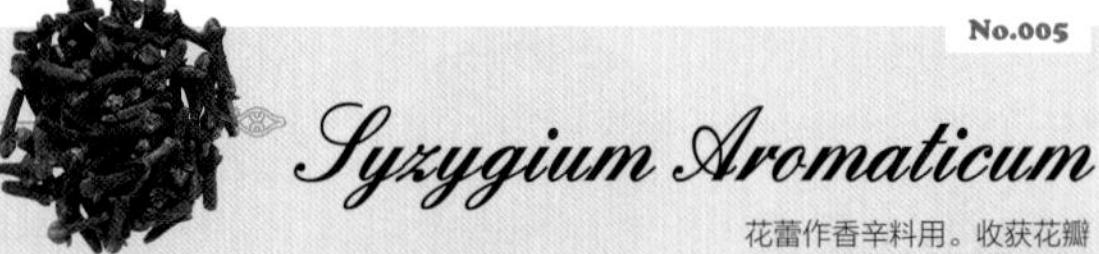

丁香
Clove

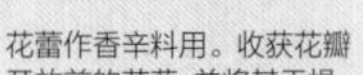
花蕾作香辛料用。收获花瓣开放前的花苞，并将其干燥。

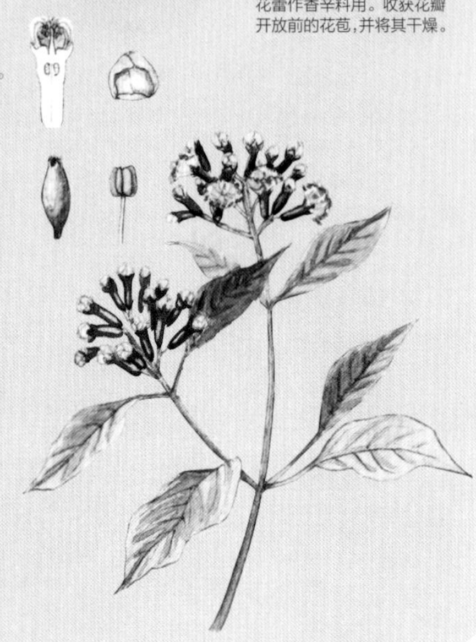

形似钉子，不管是其英语名称“Clove”还是日本名称“丁子”，皆源于其形状。甘甜的芳香气味非常强烈，又被称为“百里香”（含有在远处也能闻到其香味的意思）。具有会令舌头感到酥麻的刺激性味道，除了咖喱以外，在各国还被广泛用于火腿、糕点、泡菜等的腌制以及加香辛料的热红酒。磨成粉的丁香粉也能买到。

中文名称：丁香
日本名称：丁子
植物特征：桃金娘科常绿乔木
风味特征：芳香强烈甘甜，有刺激味
利用部位：花
咖喱中的使用方法：增味

No.006

Elettaria Cardamomum

小豆蔻
Cardamon

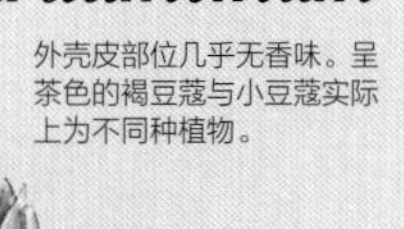
外壳皮部位几乎无香味。呈茶色的褐豆蔻与小豆蔻实际上为不同种植物。

咖喱粉的主要原料之一。具有甘甜的芳香，亦被称为“芳香大王”和“香料女王”。

香味源于包裹在果实外壳内的小黑色种子，有苦味。

小豆蔻虽也有白色、茶色等品种，但品质以呈绿色的绿色小豆蔻为佳。除了咖喱之外，还用于给沙拉汁、鱼类和肉类菜肴、糕点等增香。

中文名称：小豆蔻
日本名称：小豆蔻
植物特征：姜科多年生草本植物。果实呈卵形或椭圆形，长1 cm~3 cm
风味特征：芳香、甘甜、清新
利用部位：果实
咖喱中的使用方法：增味

No.007

锡兰肉桂

Cinnamon

Cinnamomum Verum

枝干、树皮干燥后使用。亦被称为“香料大王”。

干燥树皮时，将其卷起来，形成如上图所示的长条状。因形状相似，容易与使用同为樟科的肉桂树皮做的香辛料混淆。除了长条状以外，还能买到研磨成粉的锡兰肉桂粉。还有锡兰肉桂粉与砂糖混合起来做成的肉桂糖。

除了做菜以外，也有很多做法是用其给糕点和酒精类增香。

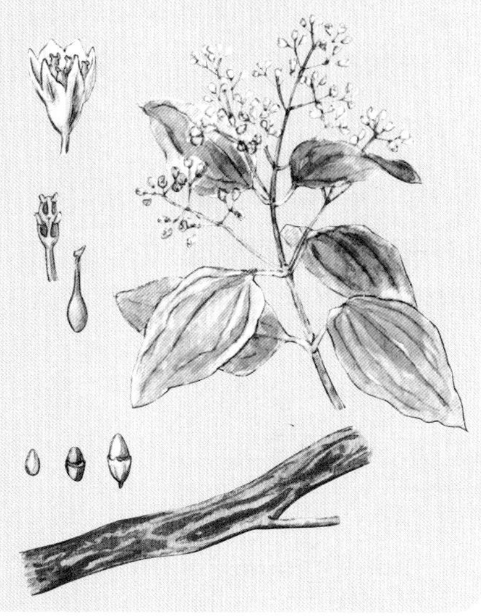

中文名称：锡兰肉桂
日本名称：肉桂、桂皮
植物特征：樟科常绿乔木。高约 10 m
风味特征：香气清新高雅，具刺激性甘味
利用部位：树皮
咖喱中的使用方法：增味

No.008

姜

Ginger

Zingiber Officinale

据考，姜在香辛料中也是使用历史最古老的材料之一。

姜具有会让舌头产生酥麻感的适中辛味，还有消除肉类等的腥臭、温热身体的效果。除了生鲜品之外，还能买到如上图所示的干燥品研成的粉末等材料。

除了咖喱之外，还被用于烹制各种菜肴。在日本，它同样因菜肴增味和药用等作用而为人们所熟知。在欧美地区，人们多将其与甜味材料相结合，给糕点和面包增香。

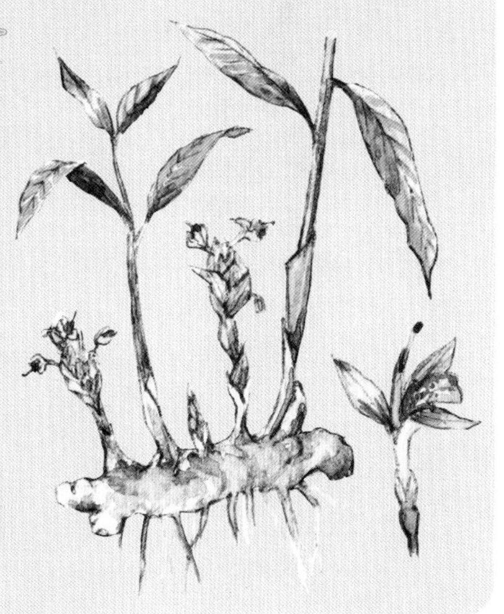

中文名称：姜
日本名称：生姜
植物特征：姜科多年生草本植物。
风味特征：芳香，具有清凉感，辛味会引起酥麻感
利用部位：根茎
咖喱中的使用方法：增味

No.009

大蒜

Garlic

Allium Sativum

或许因其风味独特，东西方均有用大蒜来辟邪的做法。

世界各地都在使用的最为著名的香辛料之一。可刺激食欲，搭配任何一种食材、菜肴都很适宜。亦因其杀菌效果和可消除肉类腥臭等功效而闻名于世。

除了食用之外，人们还会将新鲜品或者干蒜磨成粉末状作香辛料使用。也有作为强壮药使用的做法。

据考，大蒜原产于亚洲，但自古以来就在世界各地种植。

中文名称：蒜
日本名称：大蒜
植物特征：百合科。葱、韭等植物的同类
风味特征：辛味具有独特的刺激感
利用部位：鳞茎
咖喱中的使用方法：增味

No.010

陈皮

Mandarin

果皮干燥后做成粉末使用。有苦味者适于作香辛料。

主要为温州蜜柑果皮的干燥品。在日本，人们将其用作"七味唐辛子"粉[①]的原料，在中国也是有名的中药原料。它浓缩了柑橘的香味，具有酸甜的清香和轻微的苦味。有时将其用于做成品咖喱粉。

英语中称其果实为"mandarin"，有很多做法是将其果皮作为橘皮，在糕点和橘子酱等中使用。

① 译注：日本菜中以辣椒（日语中的"唐辛子"即为"辣椒"之意）作为主材料的调味料，由辣椒和其他6种香辛料配制而成，又称"七味粉"。

中文名称：陈皮
日本名称：陈皮
植物特征：芸香科常绿乔木
风味特征：香味酸甜，微苦
利用部位：果皮
咖喱中的使用方法：增味

No.011

九里香叶
Curry Leaf

Murraya Koenigii

在日本种植九里香树，盛叶期为春季到秋季。不耐寒，冬天落叶。

其中一个日文名为“南洋山椒[①]”，虽带有“花椒”字样，但实为柑橘同类。九里香叶子并非原样直接使用，将其敲打、揉搓后，就会散发出类似咖喱的香味。

主要用于烹饪炖煮菜，在南印度和锡兰咖喱中尤其不可缺少。在印度，人们一般用其新鲜状态，但在日本很难买到，多为上图所示的干燥品。

① 译注：“山椒”汉语译为“花椒”。

中文名称：可因氏月橘
日本名称：南洋山椒、大叶月橘
植物特征：芸香科乔木
风味特征：香味类似于咖喱与柑橘类混合起来的味道
利用部位：叶
咖喱中的使用方法：增味

No.012

多香果
All Spice

Pimenta Dioica

大航海时代，在新大陆发现该果实的西班牙人亦给其取一别名“牙买加胡椒”。

从名字上看，也会被误认为是一种混合香辛料，但系在未成熟时，摘取名为“多香果”的果实干燥而成。兼具丁香、锡兰肉桂、肉豆蔻混合在一起的香味与胡椒的辛味。与肉类菜肴，蛋糕等甜味食品也很搭配。研磨后味道会挥发，故最好购买整料，将要使用时研磨。品质以牙买加产为佳。

中文名称：众香子
日本名称：百味胡椒
植物特征：桃金娘科常绿乔木。果实大小为5 mm~8 mm
风味特征：味道类似于代表性香辛料的混合味道
利用部位：果实
咖喱中的使用方法：增味

No.013

豆蔻核仁/肉豆蔻皮

Nutmeg / Mace

Myristica Fragrans

因香气易挥发，豆蔻核仁最好在使用前研磨。

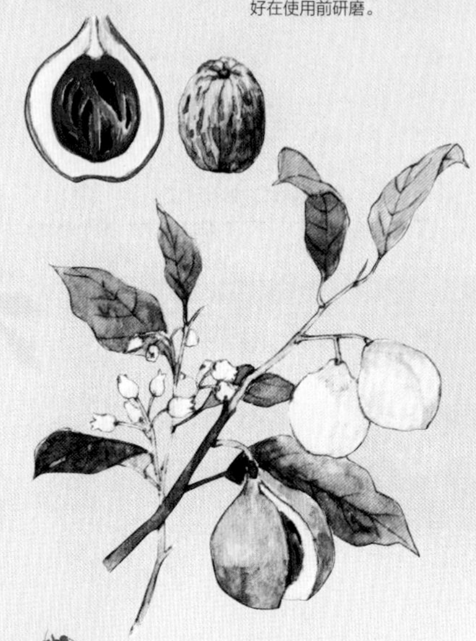

二者均取自于肉豆蔻这一常绿乔木的果实种子。豆蔻核仁为种核部分，肉豆蔻皮为包裹种子的花边状皮干燥而成。

豆蔻核仁研磨、碾碎后使用，不是囫囵个儿用。虽然二者的香味中均有甘味，但肉豆蔻皮味道平和，令人感觉更加高雅。也因制作耗时较长，肉豆蔻皮一般价格较高。

中文名称：肉豆蔻
日本名称：肉豆蔻
植物特征：肉豆蔻科常绿乔木。高10 m以上
风味特征：二者均香气馥郁。豆蔻核仁有甘味，肉豆蔻皮虽微有苦味，但口感高雅
利用部位：种核/假种皮
咖喱中的使用方法：增味

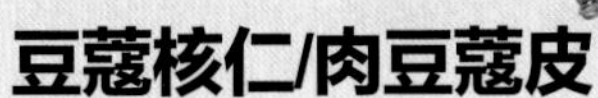

No.014

葫芦巴籽/葫芦巴叶

Fenugreek / Kasoori Methi

Trigonella Foenum-graecum

葫芦巴叶用于番茄底料和菠菜咖喱等场合。

葫芦巴籽为具有甘甜芳香的豆科植物种子。种下葫芦巴籽，就会长出葫芦巴。在印度，人们称葫芦巴籽为“methi”，将干葫芦巴叶作为香辛料使用。

葫芦巴籽直接用会有苦味，一般炒后使用。如果烤制得法，会产生类似于枫糖浆的香味。

中文名称：胡芦巴
日本名称：胡卢巴
植物特征：豆科一年生草本植物。种子裹在细长的豆荚内
风味特征：种子略有咖喱的味道，带有苦味
利用部位：种子/叶
咖喱中的使用方法：增味

No.015

茴香
Fennel

Foeniculum Vulgare

该植物所有部分都散发着香气。叶子部分作香草使用。

具有独特的甘甜芳香，烹制鱼类菜肴时经常使用。在印度，还有防止口臭等用法。香气与茴芹相似，茴芹亦称“大茴香”，茴香亦称“小茴香”。除了保留种子原样的茴香籽（上图）外，还能买到研成粉末的茴香粉（茴香籽粉）。

中文名称：茴香
日本名称：茴香
植物特征：伞形科多年生草本植物。种子呈椭圆形，长约1 cm
风味特征：种子具有独特的甘甜芳香
利用部位：种子
咖喱中的使用方法：增味

No.016

棕芥菜
Brown Mustard

Brassica Juncea

芥菜种类很多，有西亚大蒜芥（oriental mustard）、白芥菜（white mustard）等。

棕芥菜有时会与黑芥菜（black mustard）混淆，但一般说来，其辛味较黑芥菜平和。

棕芥菜是南印度和斯里兰卡菜肴必备香辛料，南印度的使用方法是，烹饪开始时，用油烧热，使之发出香气等。

其与水反应，辛味会增加。可倒入醋、红酒等物一起磨碎，自制芥末酱。

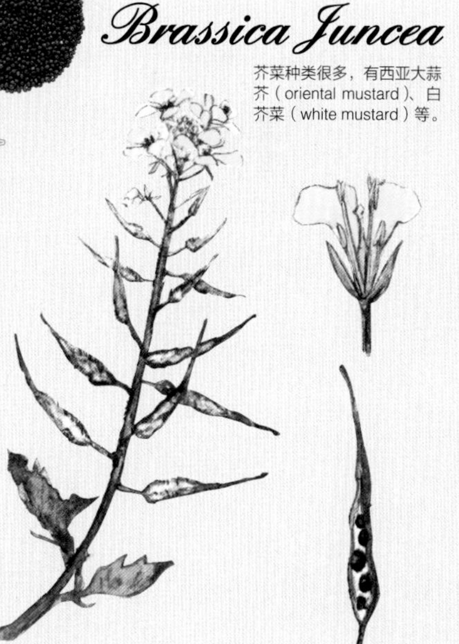

中文名称：芥菜
日本名称：芥子
植物特征：十字花科一年生草本植物。种子裹在种荚内
风味特征：种子味辛，微有苦味。香味弱
利用部位：种子
咖喱中的使用方法：增辣

No.017

黑胡椒

Black Pepper

Piper Nigrum

在数量众多的香辛料中，黑胡椒是全球应用最广的香辛料之一。

胡椒为藤蔓植物的果实，未成熟果实干燥后为黑胡椒（black pepper），成熟果实去掉外皮干燥后为白胡椒（white pepper），未成熟果实用盐渍等方法加工后为绿胡椒。红胡椒除了指成熟果实腌渍而成者外，有时亦指秘鲁胡椒木的果实。

黑胡椒比白胡椒香气佳，辛味柔和。细细研磨后辛味更甚。

中文名称：黑胡椒
日本名称：黑胡椒
植物特征：胡椒科多年生草本植物。与葡萄类似，结房状果实
风味特征：芳香清新，辛味提神宜人
利用部位：果实
咖喱中的使用方法：增辣

No.018

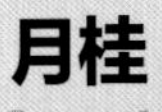

月桂

Laurel

Laurus Nobilis

作为炖菜中所用香草类，捆扎成束的香料同样为人们所熟知。

与胡椒一样，是全球流行的香辛料。日语中亦称月桂叶（按月桂树叶干燥品使用的含义），或按法语发音“laurier”称之。

除了作为炖菜的必备品之外，还用于腌菜等处。虽然其能缓和鱼肉的腥味，收敛形成高雅的味道，但时间一长会发苦，菜做好后，须马上取出。

中文名称：月桂叶
日本名称：月桂叶
植物特征：樟科常绿乔木
风味特征：芳香具清凉感
利用部位：叶
咖喱中的使用方法：增味

专栏

潜入“香辛堂”！

——混合香辛料专业定制店铺

获取符合自己口味的混合香辛料！

使用自己喜欢的香辛料，制作独创咖喱

“香辛堂”是一家专业的香辛料店铺，可以按照客人自己的喜好，配制独创混合香辛料。听说，店铺老板胜又圣雄先生被印式奶茶和咖喱深深吸引，遂开了这家专业经营香辛料的店铺。在已经混合好的咖喱用基本香辛料中，加入自己喜欢的香辛料，享受独创咖喱的乐趣吧！

数据

香辛堂

东京都目黑区自由丘1-25-10
☎03-3725-5454
营业/11:00~19:00
休息日/周三、每月第4个周四（有时不定期休息）

除了基本香辛料以外，香辛堂还出售多种自制混合香辛料。听说其中也有很多客人购买咖喱用具。上述商品亦在网上销售

尝试定制咖喱用混合香辛料！

① 确定要混合的香辛料

指定添加到基本香辛料中的材料，调成自己喜欢的味道。本次主题为果味咖喱。

② 填写定制单

因为希望增加水果味道，所以选取温州蜜柑皮干燥成的香辛料——陈皮。

③ 计量各种香辛料的分量

确定好要混合的香辛料后，用计量匙，分别计量各种香辛料的分量。

④ 把所有香辛料放入研磨机

把番椒、孜然、芫荽、姜黄、陈皮和黑胡椒混合起来。

⑤ 用研磨机研成合适的粗细程度

把所有香辛料放入研磨机内研磨，直到粗细合适。香辛堂用的是咖啡研磨机。

⑥ 装袋，完成

请店家将混合好的香辛料装袋。使用个人专属特制香辛料，享受咖喱烹饪的乐趣吧！

专题04 轻松玩转香辛料

提高咖喱烹制技艺段位！

香辛料种类繁多，应用方式同样多种多样。按其特色加以组合，或者区分使用，花样更多，更有趣！

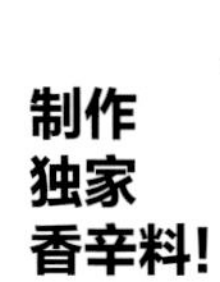

制作独家香辛料！

香辛料数量繁多，其组合花样无限，但是只要掌握要领，新手也能做出美味的混合香辛料。

要领_1

香辛料种类大致控制在10种左右

多种香辛料调配起来，味道将会更加丰富，但也并不是越多越好。咖喱粉一般使用10~20种香辛料。

要领_2

按1：7：2的比例调配

按照功用，以添色:加味:增辣=1:7:2的比例为准选取香辛料。

使用香辛料调制咖喱粉

※使用莱皮斯·埃皮斯店铺的超值咖喱套装→P.155

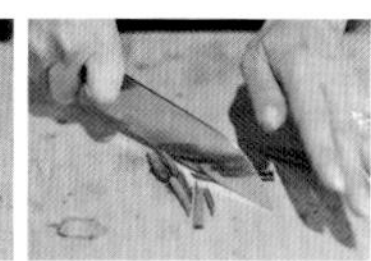

① 将坚硬的香辛料整料弄碎

准备要调配的香辛料。锡兰肉桂条等坚硬物使用研钵、菜刀等工具仔细弄碎到一定程度。绿豆蔻去皮，取出种子。

② 干煎香辛料

香辛料整料放入小锅或者平底锅内，用小火干煸。发出香味后，加入香辛料粉料搅拌，关火，散去余热。

③ 研成粉状

余热散去后，使用咖啡研磨机等工具研成粉状。研磨时分批进行，直到所有香辛料都变为粉状。

大功告成！

④ 放入密闭容器，熟化

使用可密封的瓶罐等容器静置2~3天，熟化。刚调配完时，各种香辛料的香味分散，逐渐就会融到一起。

⑤ 务必保存于干燥处！

静置数日后，放到无日光直射的干燥处保存。可在瓶中放入糕点用干燥剂，放入冰箱。

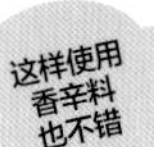

试试在速溶咖喱中用上孜然

使用咖喱块做咖喱时，热油前先放孜然，小火炒出香味后，再炒制食材，就会形成非常正宗的味道。

炒肉炒蔬菜时，试试加入咖喱粉

翻炒用于咖喱的肉和蔬菜时，只要加入少量咖喱粉，出锅味道就会丰富有加。

玩转香辛料，成功做出正宗咖喱的秘诀

即使学了咖喱用香辛料知识，记住其作用，如果混合手法不到家，也做不出味道正宗的咖喱。成品咖喱粉本来就是多种香辛料的混合品。如果知晓香辛料的用法，自己也能做出咖喱粉。另外，记住与菜肴搭配的调配方法，香辛料的乐享方式将会更加丰富多彩。

知识讲解……

日本规模最大的专业香辛料店铺，有从法国直接进口的120种香辛料，品种齐全。所有香辛料均可闻香、试吃，亦可散装出售。即使一窍不通，店员也会耐心讲解，新手也可放心选购

莱皮斯·埃皮斯

数据

L'epice et Epice

东京都目黑区自由丘2-2-11（2012年4月下旬，迁至自由丘1-14-8）
☎03-5726-1144
营业/迁址后：12:00~19:00；周六日、节假日：11:00~
休息日/周三

按食材调配香辛料

对于印度人来说，每次做菜挑选香辛料，然后调配使用的做法属于家常便饭。我们学习其做法，按照咖喱食材，改变香辛料的调制方法。

4大基本香辛料

① 辛

咖喱必备要素。最普遍的是格兰姆·马沙拉。只要烹制时撒上一圈，就能做出非常正宗的咖喱。

②③ 风味（香）

这是香辛料咖喱的关键。每种香辛料中含有多种香味成分，不同组合方式能够形成复杂的香味。

④ 色

咖喱的颜色能够挑起食欲，这归功于具有着色效果的香辛料。姜黄、藏红花可增添黄色，甜椒可增添红色。

格兰姆·马沙拉

混合香辛料。在印度，家家户户调配方式各不相同。一般为孜然、锡兰肉桂、胡椒、丁香、肉豆蔻等。

芫荽

其鲜叶是泰国菜中相当常见的香菜。种子特点在于具有清新的甘甜芳香，类似于柠檬与鼠尾草混合的味道。

孜然

决定咖喱香味的代表性香辛料。炒后香味增加。迅速撒在沙拉上，沙拉香味就会更加馥郁。

姜黄

在日本，人们也非常熟悉其“郁金”一名。有土腥苦味。多用于给咖喱增添黄色。

咖喱鸡
Chicken Curry

使用增香咖喱，突出鸡肉的鲜美

丁香、月桂等增香效果较高的香辛料能够突出鸡肉的清淡。增香香辛料不仅能够营造奢华感，产生勾起食欲的香味，对于消除肉的腥臭也很有效。

增香香辛料 ＋ 4大香料

色——姜黄
风味——孜然、芫荽
辛——格兰姆·马沙拉

葛缕子

具有香气清新的特点，微甘，略苦。在德国，人们将其作德国酸菜（Sauerkraut）和利口酒（Liquor）的材料使用。

丁香

类似于香荚兰的甘甜芳香会令人胃口大开。也有用于格兰姆·马沙拉的做法。还可用于消除肉的腥臭、制作糕点等。

葫芦巴籽

适合搭配肉类菜肴的香辛料，特点在于苦味强烈，甘甜的芳香似焦糖。烹饪开始阶段放入油中，就会发出香气。

月桂

多用于炖煮菜的香辛料。时间一长会发苦，菜做好后须马上取出。还有消除鱼肉腥臭的效果。

蔬菜咖喱
Vegetable Curry

使用增味咖喱，使味道呈现深度

蔬菜咖喱有利健康，营养丰富，但寡淡少味。因此，香辛料选用增味效果较好的洋葱和大蒜。同时使用适合搭配蔬菜的香旱芹、葛缕子，味道更显深邃。

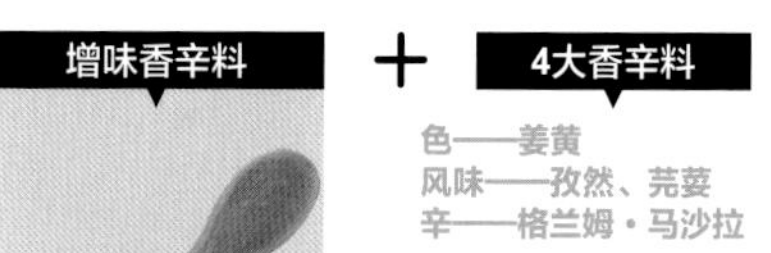

增味香辛料 ＋ 4大香料

色——姜黄
风味——孜然、芫荽
辛——格兰姆·马沙拉

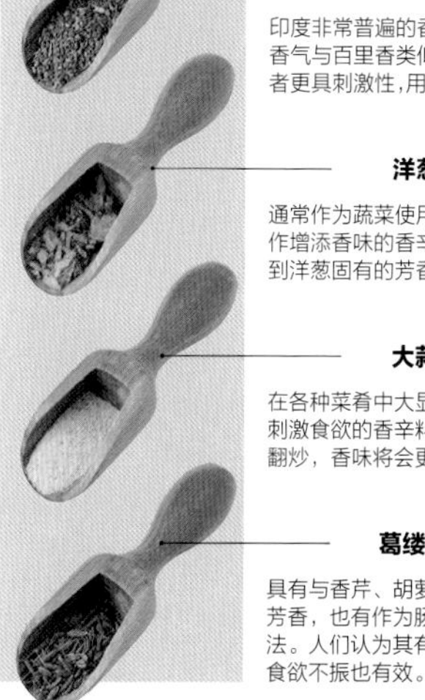

香旱芹

印度非常普遍的香辛料。味道和香气与百里香类似，但味道比后者更具刺激性，用量要稍加控制。

洋葱

通常作为蔬菜使用，但也可以用作增添香味的香辛料。可以品尝到洋葱固有的芳香风味。

大蒜

在各种菜肴中大显身手的大蒜是刺激食欲的香辛料。生蒜切碎后翻炒，香味将会更加浓郁。

葛缕子

具有与香芹、胡萝卜类似的清新芳香，也有作为肠胃药使用的做法。人们认为其有整肠作用，对食欲不振也有效。

专题 05

银座老店
印度餐馆

"奈尔餐厅"第3代传人、奈尔善己老师亲授食谱

挑战香辛料咖喱！

香辛料的调制种类数不胜数，
重要的是先掌握基本种类，抓住各种香辛料的特点。

奈尔餐厅（NAIR'S RESTAURANT）
奈尔善己老师

Nair Yoshimi，日本历史最悠久的专业印度餐馆"奈尔餐厅"第3代当家人。作为东京香辛料大咖同样大展风采，积极传播香辛料的魅力。出版有《奈尔餐厅教你做第一道印度菜》（日本主妇与生活社）等书籍。

首先，从4种香辛料粉料入手

对于新手来说，调制工作很难，备齐香辛料也要费一番功夫，香辛料咖喱还是要到餐馆吃……颠覆这一观念，向我们传授超级简单香辛料咖喱烹制方法的是奈尔善己老师。他是开办于1949年的老字号专业印度餐馆"奈尔餐厅"的第3代当家人。

"现在，香辛料在超市、网上很容易就能买到。而且，与成品咖喱块相比，香辛料咖喱烧制时间短，只要掌握香辛料的调制方法，就能很快轻松做好，这一点也很有吸引力。

"一开始最好先买番椒、孜然、芫荽、姜黄这4种。建议购买粉料，不要买保留种子等形态的整料。因为在家中研磨香辛料整料，粗细受一

在印度亦属王道一品

基础咖喱鸡

仅用4种香辛料，完成一道味道深邃的咖喱

烹制方法见下页 →

定局限，吃起来口中可能会有颗粒感。成品香辛料粉料颗粒细腻，容易融入食材，适合新手使用。”

掌握这4种香辛料的功效、味道和香味特点后，接下来，就要尝试香辛料整料了。

“只要备齐小豆蔻、丁香、锡兰肉桂、月桂（月桂叶），就没有做不成的咖喱，这么说并不夸张。”

备齐香辛料后，即可速速挑战咖喱烹制！要领大致可分为以下4点：

❶香辛料使用方法：使用香辛料整料时，先用油炒，引出香味。香辛料粉料在炒好配料食材后投入，翻炒30秒左右。二者要领均在于掌握分量，避免焦糊。

❷洋葱和番茄的炒法：洋葱用略强中火炒至焦褐色，这一点属于基本。番茄炒至水分挥发，引出鲜味。

❸放水后的火候调整：放入水、酸奶、椰奶等液态成分后，用大火煮沸后稍顿，再用小火炖。

❹烹饪节奏：从开始烹饪到结束，中间不停顿，有条不紊，一气呵成。事先准备时，完成食材备料和香辛料计量，就能不慌不忙地进行烹饪了。

“4个要领记心中，把自己当成印度人，拿出最佳状态，不要害怕失败，愉快地挑战香辛料咖喱吧！”

香辛料咖喱 基础篇

材料

鸡大腿……1 块
洋葱碎……大个 1 个的量
蒜末……1 瓣的量
姜末……拇指首节大小 1 块
番茄切大块……1 个的量
香菜切大段……1 撮
油……3 大匙
盐……1 小匙
水……400 mL
★香辛料粉料
番椒……1/2 小匙
孜然……1 小匙
芫荽……1 大匙
姜黄……1/2 小匙

成为香辛料咖喱大咖，要从挑战基础的咖喱鸡开始。在熟练之前，不要加以改造创新，准确计量分量制作是提高境界的秘诀。烹饪最后阶段品尝一下，如果感到味道淡，可加入一撮盐。如果无法确定味道咸淡，说明咸度已够，无须再加。仅仅使用4种香辛料，也能产生令人惊叹的繁复味道。

使用香辛料

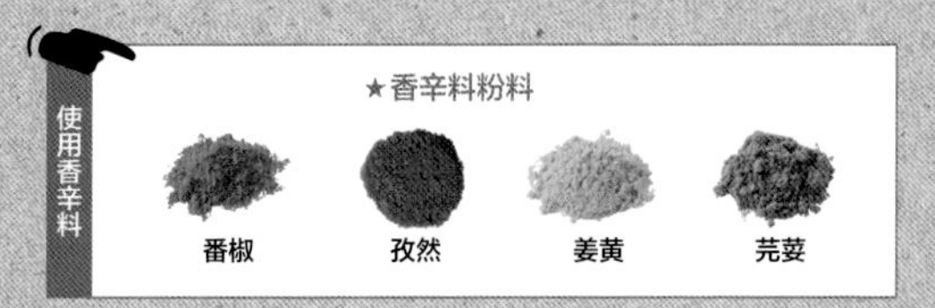

1 鸡大腿肉去掉鸡皮，切成一口大小。

2 锅内放油，中火烧热，放入洋葱碎、姜末、蒜末。

3 略强中火翻炒，注意勿使洋葱碎、姜末、蒜末焦糊。

4 洋葱碎、姜末、蒜末变为焦褐色时，加入番茄。

香辛料咖喱的3种神器

用密闭容器保存
潮湿乃香辛料大忌!

香辛料须放入密闭容器保存，暴露在空气中，香气和味道就会挥发。也可放入干燥剂。

要想烹饪有条不紊，
准备大小不等的碗盆箩筐

要想做起菜来有条不紊，事先准备工作不可或缺，其法宝当属大小不一的碗盆和箩筐。按照所放物品区分使用，也容易保证烹饪空间。

单手锅和木铲，
使用方便，烹饪简单!

烹制香辛料时，避免焦煳很重要。使用木铲翻炒时，单手锅比双手锅用起来更顺手。

用中火仔细翻炒，直到番茄不再成形，水分蒸发。

加入香辛料粉料和盐，翻炒30秒左右。香辛料粉料易焦煳，要用木铲快速搅拌。

放入鸡大腿肉和水，转大火煮开锅后稍顿，盖上锅盖，小火炖10分钟。

最后用盐（分量外）调味，装盘，按个人喜好装饰香菜，完成。

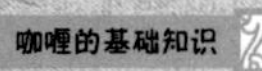

掌握用香辛料粉料烹制基础香辛料咖喱后，加入香辛料整料，挑战应用食谱！香辛料整料油热后马上放入，引出香味；香辛料粉料是食材炒好后放入，稍作翻炒。这两个阶段的区分使用是决定香辛料咖喱味道的关键。

增加蔬菜，自如创新！

烂软热乎的肉碎咖喱

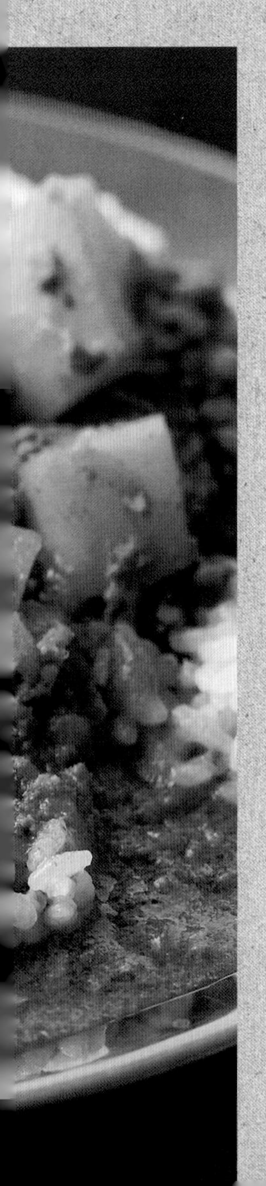

材料

肉末……300 g
土豆……大个 1 个（150 g）
洋葱碎……1 个的量
蒜末……2 瓣的量
姜末……拇指首节大小 2 块的量
番茄切大块……1 个的量
酸奶……3 大匙
油……3 大匙
盐……1 小匙
水……400 mL

★香辛料整料
小豆蔻……5 粒
锡兰肉桂条……1 根

★香辛料粉料
番椒……1/2 小匙
芫荽……1 大匙
姜黄……1/2 小匙
马沙拉……1 小匙

烹制方法

1 土豆去皮，切丁。
2 锅内放油烧热，放入香辛料整料，中火炒数秒，直到锅中冒泡。
3 加入洋葱碎、姜末、蒜末，炒至变为褐色。
4 放入番茄，炒至番茄不再成形，变为糊状。
5 放入香辛料粉料，加盐粗略翻炒后，放入肉末翻炒。
6 肉末微微变色后，倒入酸奶和水，转大火。
7 煮开锅后稍顿，转小火，煮 10 分钟。最后用盐（分量外）调味。

烹制方法 要领

不搅拌，仔细观察香辛料状态
小豆蔻鼓起膨胀，冒气泡后即可。此为炒制时间标准。

酸奶拌匀，消除凝块
入锅前，先融化，消除凝块，味道将会更加容易融合。

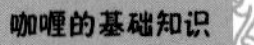

味道圆润，优雅柔和

椰汁咖喱虾

材料

虾……12 只
柿子椒……2 个
洋葱碎……1 个的量
蒜末……2 瓣的量
姜末……拇指首节大小 2 块的量

番茄切大块……1 个的量
椰奶……200 mL
油……3 大匙
醋……1 大匙
盐……1 小匙
水……300 mL

★香辛料整料
红辣椒……3 根

★香辛料粉料
番椒……1/2 小匙
孜然……1 小匙
姜黄……1/2 小匙
芫荽……2 小匙

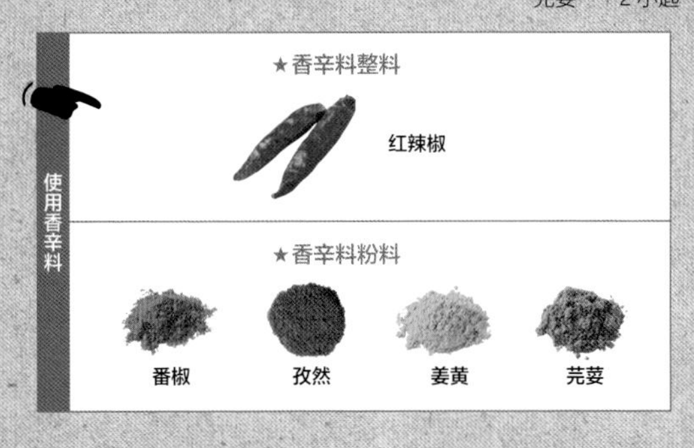

烹制方法

1 虾去壳，抽掉虾线。去掉柿子椒籽，切滚刀块。
2 锅内放油，中火烧热，轻轻翻炒红辣椒。
3 放入洋葱碎、姜末、蒜末，炒至变为褐色。
4 加入番茄，炒至番茄不再成形，变为糊状。
5 放入香辛料粉料，加盐炒 30 秒左右。
6 倒入椰奶、醋和水，转大火，煮开锅后稍顿，盖上锅盖，转小火，煮 10 分钟。
7 放入虾、柿子椒，转中火稍微煮一会儿，用盐（分量外）调味。

烹制方法要领

若无红辣椒，可用干红辣椒代替

红辣椒用油烧热，引出香味后取出，最后也可放上做装饰。

香辛料粉料要快速拌匀

香辛料忌煳锅。加入香辛料粉料后，要快速大力搅拌，避免焦煳。

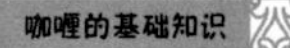

肉的口感非常柔~和

酸甜番茄咖喱猪排

材料

猪肉（咖喱用）……400 g
去皮整番茄（罐装）……1 听（400 g）
洋葱丝……1 个的量
蒜丝……2 瓣的量
姜丝……拇指首节大小 2 块的量
椰奶粉……1 大匙

油……3 大匙
盐……1 小匙
水……600 mL

★香辛料整料
丁香……5 粒
月桂……2 片

★香辛料粉料
番椒……1/3 小匙
芫荽……1 大匙
姜黄……1/2 小匙
黑胡椒……1/2 小匙

烹制方法

1 猪肉切成一口大小。
2 锅内放油，中火烧热，香辛料整料炒数秒，直到发出香味。
3 加入洋葱丝、姜丝、蒜丝，炒至变为褐色。
4 放入猪肉，炒至表面略微变色。
5 放入去皮整番茄、香辛料粉料、水、盐、椰奶粉，转大火。
6 煮开锅后稍顿，盖上锅盖，小火炖 45 分钟。其间用木铲时不时搅拌一下。
7 猪肉变软后，用盐（分量外）调味。

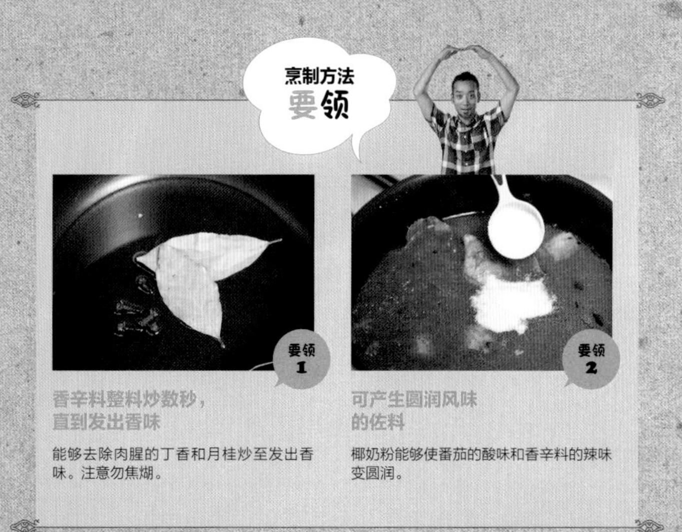

香辛料整料炒数秒，直到发出香味

能够去除肉腥的丁香和月桂炒至发出香味。注意勿焦煳。

可产生圆润风味的佐料

椰奶粉能够使番茄的酸味和香辛料的辣味变圆润。

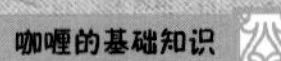

不能吃辣也没关系

温柔菠菜咖喱鸡

材料

菠菜……1 袋
鸡大腿……1 块
洋葱碎……1 个的量
蒜末……2 瓣的量
姜末……拇指首节大小 2 块的量
姜丝（装饰用）……适量
番茄切大块……1 个的量
鲜奶油……2 大匙
油……3 大匙
盐……1 小匙
水……200 mL

★香辛料整料
孜然……1 小匙

★香辛料粉料
芫荽……1 大匙
马沙拉……1 小匙
姜黄……1/3 小匙
番椒……1/3 小匙

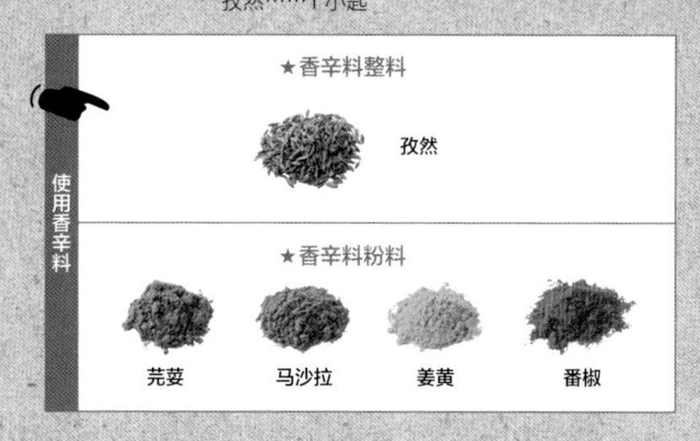

烹制方法

1 鸡大腿肉去掉鸡皮，切成一口大小。
2 菠菜切大段，用足够的热水焯 1 分钟，扣到箩筐内。散去余热后，用料理机加少许水（分量外）打成糊状。
3 锅内放油，中火烧热，将孜然炒至上色。
4 放入洋葱碎、姜末、蒜末，炒至微微变为褐色。
5 加入番茄，炒至糊状。
6 放入香辛料粉料和盐，稍加翻炒。
7 加入鸡大腿肉和水，大火煮开后稍顿，盖上锅盖，小火煮 10 分钟。
8 放入 2 的菠菜和鲜奶油，改大火，煮开后稍顿，用盐（分量外）调味。装盘，撒上姜丝装饰。

烹制方法 要领

孜然炒至带上黑色

孜然放入热油内，炒至冒出气泡，颜色带上黑色。

菠菜先焯好

菠菜先焯好，散去余热后，放入料理机内打成细滑状。

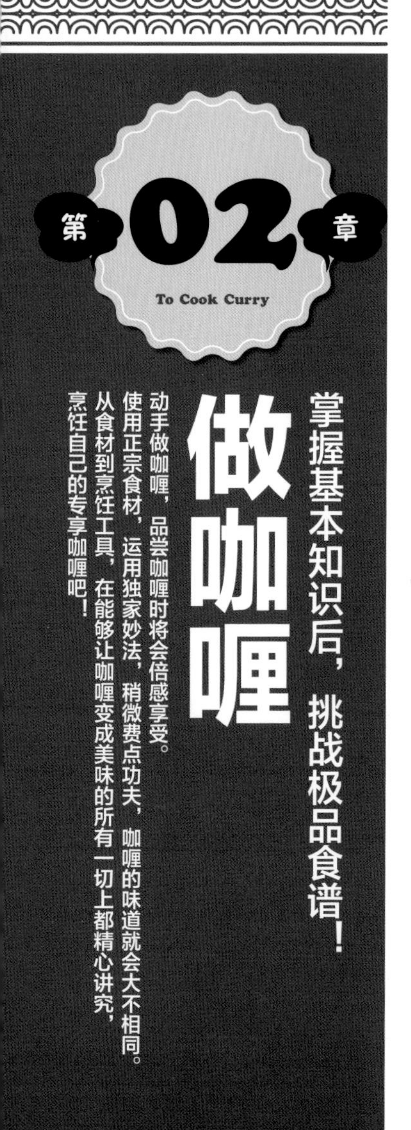

第02章

To Cook Curry

做咖喱

掌握基本知识后，挑战极品食谱！

动手做咖喱，品尝咖喱时将会倍感享受。使用正宗食材，运用独家妙法，稍微费点功夫，咖喱的味道就会大不相同。从食材到烹饪工具，在能够让咖喱变成美味的所有一切上都精心讲究，烹饪自己的专享咖喱吧！

专题 1

手制咖喱基本3原则

P.066

『东京咖喱～番长』水野仁辅老师亲授秘诀介绍。同时奉上大咖精心考究的『私家咖喱』食谱。

专题 2

让咖喱变得更美味佐料&秘技

P.090

料理家星谷菜菜老师亲授使用方法，让咖喱块和咖喱粉更出彩。

专题 3

咖喱达人亲授精选食谱

P.092

印度咖喱、泰国咖喱、欧式咖喱……挑战各类咖喱专业人士传授的食谱。

专题 4

使用正宗食材

P.122

只要用上一种正宗食材，普普通通的咖喱也会迈入正统级别，令人刮目相看！

专题 7

速溶咖喱块深考！

P.144

厨艺研究师滨田美里老师深居小巷，潜心研究人气速溶咖喱块，还有速溶咖喱创新食谱哦！

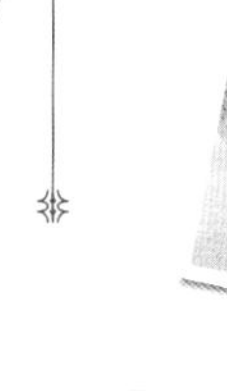

专题 6

自制凉配菜

P.132

自由创想，随意发挥创作凉配菜，让私家咖喱乐趣倍增！

专题 5

决定咖喱味道的名配

P.126

在印度备受人们喜爱的米饭和面食，是最大限度引出主角固有味道的最佳配角。

专题 10

在家中享受奶茶&奶昔

P.160

介绍诀窍与食谱，可在家中尽情享受与咖喱珠联璧合的正宗味道！

专题 9

调理工具&厨房神器

P.156

要做出正宗咖喱，工具也要很讲究！奉上咖喱爱好者必备神器目录。

专题 8

咖喱烹制品项

P.150

想在自己家中『轻松』享受正宗咖喱的乐趣？给您推荐使用方便的烹饪用品，让愿望变成现实！

“东京咖喱~番长”水野仁辅老师访谈

手制咖喱
基本 3 原则

在能够买到形形色色食材的今天，从昔日的怀旧风味，
到利用香辛料制作正宗咖喱，我们可以体验到各种乐趣。
即使统称手制咖喱，但烹饪可口的基本原则却亘古不变。
我们请咖喱大咖对上述基本原则进行介绍。

原则 01

咖喱 取决于主料食材

进阶！

咖喱适宜搭配很多食材，
肉、鱼、蔬菜……可做主料使用
的食材种类也很丰富。
所用香辛料和咖喱块等
一起炖煮的材料也要
结合主料加以选择。
需要注意的是，有的搭配方式
会让味道打架哦！

→ 按照食材特点炖煮

食材不同，部位不同，
适合的烹饪时间和方法存在区别。
通过烹饪方法
改变口感和味道等，
能够拓宽咖喱的味道宽度。
首先，我们来看一下咖喱烹制中
非常重要的“炖煮”。
“炖煮时间得当”为不二法则。

掌握基本知识后，咖喱烹制乐趣倍增

咖喱是知之愈多，愈觉深奥。有时想在专业餐馆大快朵颐，有时又想尝尝“妈妈的味道”，体验放松的感觉；“周末花点时间，做点感兴趣的菜……”，这种时候，咖喱也是一个不可去掉的选项。去到超市，能够带来正宗咖喱乐趣的香辛料琳琅满目，速溶咖喱块同样种类繁多，任君挑选。在世间大行其道的咖喱食谱也多得令人咂舌。要说与数量众多的食材都很搭配的菜，那当然就是咖喱。

听说，对水野仁辅老师而言，“咖喱是一种令人惊奇的食物”。在遍历餐馆、周游各国进行咖喱考察之旅的过程中，他对手制咖喱从各种途径进行了探索，并一直致力于传播咖喱的魅力。在这里，我们请其传授应当掌握的手制咖喱基本原则。

原则 02

追求打底味道的极致境界

进阶！

咖喱味道的决定因素
是炒洋葱。
炒到洋葱呈糖色后，
香味、甘甜
和鲜味就会增加。
打底味道达到最高境界，
咖喱技能自然就会提升。

→ 各种食材的风味了然于心

咖喱风味的基础
来自于炒洋葱。
再加上甜、酸等
各种风味，
咖喱的口感就会越发深邃。

原则 03

玩转速溶咖喱块

成品咖喱块是手制咖喱的有力助攻。
要想最大程度引出咖喱块的美味，
按照口味选择咖喱块并正确使用，
比什么都重要。

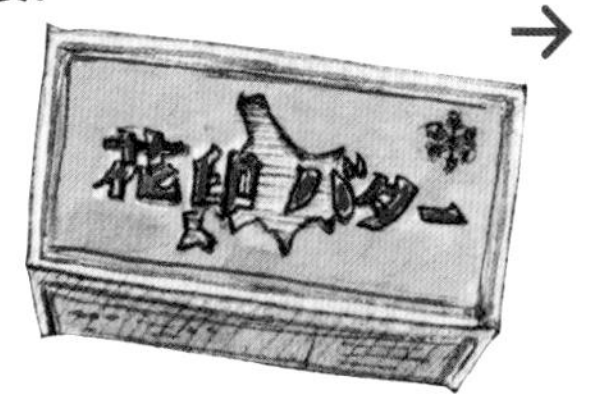

→ 调出浓稠引出醇香

使用咖喱块做的咖喱具有一种独特的浓稠感。这正是日本人钟爱的咖喱的特点之一。浓稠感通过添加食材也能实现。
同时还能增加醇厚，一举两得！

水野仁辅老师

Mizuno Jinsuke，私厨上门机构“东京咖喱~番长”厨师领班。此外，为了传播印度和香辛料菜肴，他还组建了“东京香辛料番长”，对于水野老师来说，香辛料是一种极为亲切的存在。家中厨柜上，香辛料同样琳琅满目。

掌握基本原则后，再加点心思

掌握食材挑选方式、打底味道、咖喱块使用方式等基本原则后，在其中还要分别再花点心思。最佳炖煮方式能够引出所选食材的固有味道和鲜美；炒洋葱产生的佐味元素，会让咖喱风味更馥郁；黏稠和醇厚感的引出方式，能让咖喱块更加深邃……做到这些，手制咖喱的口感就会切实提升！

※P.066~080参考文献：水野仁辅《从一无所知到咖喱入门》（日本幻冬舍）

咖喱取决于主料食材

咖喱适宜搭配很多食材，
肉、鱼、蔬菜……可做主料使用的食材种类也很丰富。
确定主料食材=决定烹制的咖喱种类。

咖喱
闪耀之星

Meat
肉类

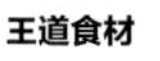

王道食材

牛肉
beef

牛腩、腱子肉、肉末等，都可用于尝试制作手制咖喱。除了炖煮以外，略厚的肉片煎后烹制的方法也不错。

品味肉的鲜美

猪肉
pork

美味、营养好、价格亲民等优点兼而有之。日本的创新咖喱中，分量满满的咖喱猪排饭是无须言表的人气菜品。如果炖煮，使用肋排也不错。

万能搭配食材

鸡肉
chicken

由于购买方便，可烹出营养好汤的带骨鸡肉和鸡骨食材同样使用方便。由于其鲜味不腥，无论是印度风格、东南亚风格，还是欧式，搭配哪一种咖喱都不会出错。

除此以外……

羊肉/维也纳（Viener）香肠/培根等

想吃略微不同的咖喱时，推荐使用上述食材。作为一种健康食用肉品，羊肉非常受欢迎。维也纳香肠、培根价格亲民也是一大亮点。

主料食材确定烹饪工序

不管是牛肉还是鸡肉，不管是海味还是蔬菜，咖喱烹制中首要的是挑选主料食材。例如，肉和鱼贝类的最佳炖煮时间存在差别，搭配的香辛料和佐料也不相同。换句话说，主料食材确定，就意味着烹饪工序安排落定。接下来，我们看一下代表性食材与咖喱的相配情况。

肉类咖喱放松神经，夏天的鱼贝咖喱令人食指大动

说到常见的咖喱主角，那就是肉类，应该也有很多人从小就熟悉和喜欢它的味道吧？酱料咕嘟咕嘟地炖，牛肉、鸡肉、猪肉的鲜美就会充分渗入酱中。

若想成为咖喱高段，还要掌握肉类以外的食材。除了白色鱼之外，还有虾、蟹等甲壳类，花蛤、文蛤等贝类，这些鱼贝非常适合做辣味咖喱，吃起来口感酥麻，是成年人的大爱。在炎热的夏季，会让人食指大动。

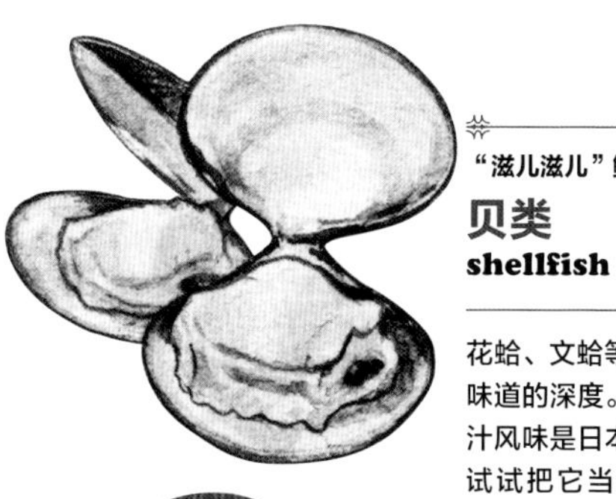

全家都喜爱

虾蟹
shrimp & crab

说起虾、蟹，这可是孩子们也喜欢的美味。口感Q弹，鲜味迸发，可谓适合咖喱等众多菜肴的百搭食材。切勿煮过火。

“滋儿滋儿”鲜美飘香

贝类
shellfish

花蛤、文蛤等贝类能够增加咖喱味道的深度。它为咖喱增添的汤汁风味是日本人的大爱，请务必试试把它当主料。快速烹制是诀窍。

成人咖喱也适合

Seafood
鱼贝类

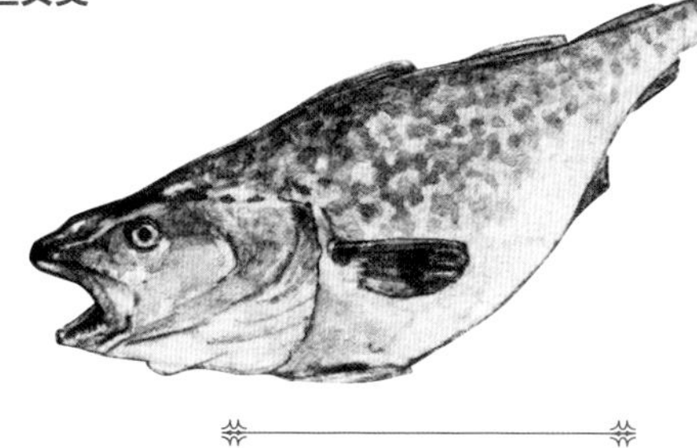

在南印度也是经典食材

白色鱼
whitefish

清淡的白色鱼配上咖喱粉，美味就会加倍。用大头鳕鱼、旗鱼等鱼类烹制的食谱很受欢迎。它与香味蔬菜等食材也很搭，花样同样变化多端。

除此以外……

墨鱼/三文鱼/鲭鱼等

使用墨鱼和虾做的海鲜咖喱食谱为数众多，除此以外，鲭鱼咖喱、沙丁鱼咖喱等个性派咖喱也已登上了人们的餐桌。三文鱼与咖喱也很搭。没有腥味，易于打理，可以轻松尝试。

多品种混合，同样乐趣多多

在咖喱的老家印度，炖煮豆类烹制咖喱的做法非常普遍。在日本人的餐桌上，作为蛋白质的优质来源，人们自古就经常食用豆类，如纳豆、豆腐等。对于日本人来说，香味馥郁圆润的豆类咖喱也容易接受。近来，除了常见的大豆以外，鸡豆、扁豆等豆类也很容易买到，做手制咖喱的时候，一定要挑战一下！

主角配角一肩挑的咖喱必备食材

最能令人产生季节感的是蔬菜咖喱。比如，春有新洋葱和春甘蓝，夏有番茄和茄子，秋有地瓜，冬有萝卜……四时不同，各种时令蔬菜纷纷登场。总之，很多蔬菜都适合做咖喱。季节一变，就可以在咖喱中试试不同的蔬菜。另外，烹制方法取决于其是唱主角还是当配角。

Beans

豆类

非常适合炖煮

芸豆

kidney beans

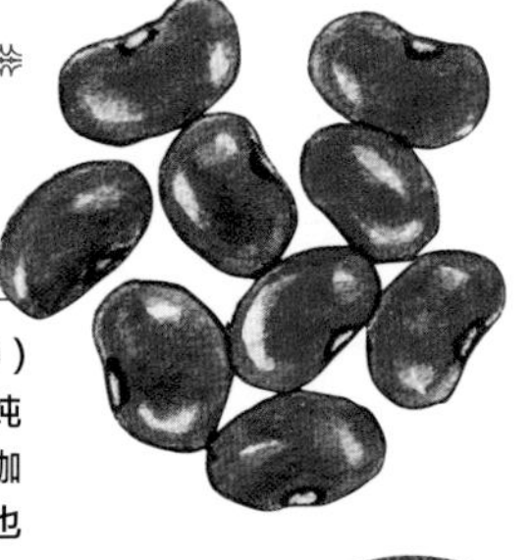

白芸豆、金时豆（芸豆的一种）在日本也很普遍，人们用其做炖豆和甜纳豆。软嫩的口感搭配咖喱同样珠联璧合。它与番茄酱也很搭，务请一试。

嚼劲十足

大豆

soybeans

以豆腐、纳豆形式食用的大豆备受人们喜爱，可以试试用它做咖喱。使用水煮大豆，轻轻松松就能做出一道咖喱。它与肉末也很搭，少许肉末做出的咖喱嚼劲十足。

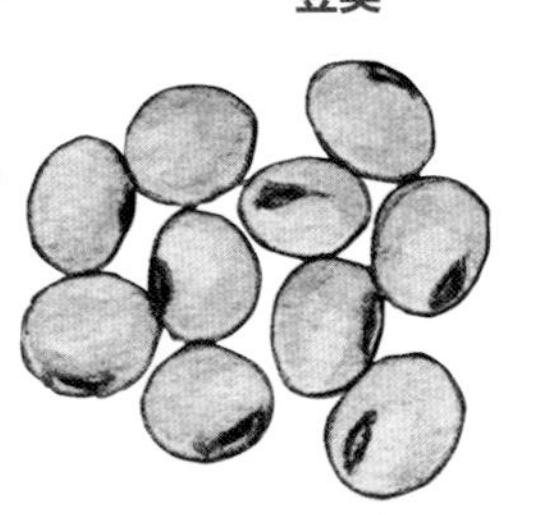

口感松软

鸡豆

garbanzo

亦称鹰嘴豆、桃尔豆，在印度家常菜中经常出现。在日本，它也是豆类咖喱的经典食材。口感松软、富有嚼劲，令人产生满足感；没有腥味，美味可口，是深受欢迎的秘密。

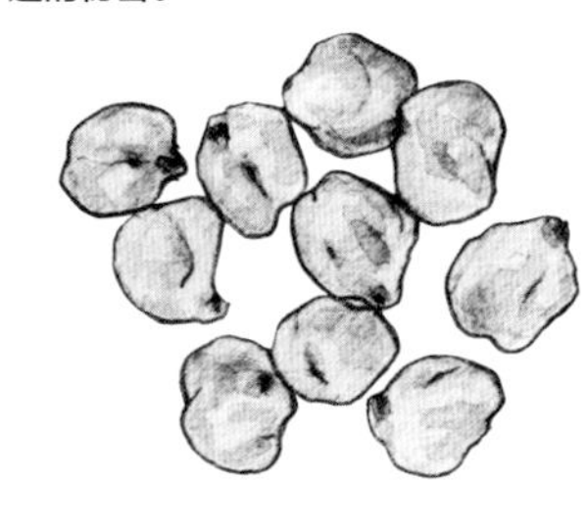

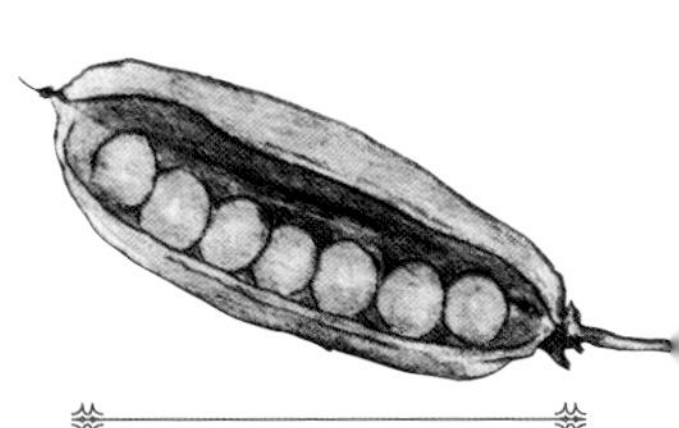

发现新的美味

豌豆

green peas

绿色的豌豆。人们常用它做装饰，但其作用并非仅仅如此。在咖喱中大量用其作配料食材，会增加豆类令人愉悦的口感和甜味，美味无比。春季到初夏时分，食用新鲜豌豆，品尝季节的味道吧！

豆类咖喱美味烹制秘诀

掌握引出美味的诀窍，新手也能轻松烹制

诀窍 1 **用海带和干香菇熬制高汤。**
→ 豆类的鲜美加上高汤，味道更有深度。

诀窍 2 **仔细炖煮香味蔬菜。**
→ 容易寡淡无味的豆类风味中，加入蔬菜的味道。

诀窍 3 **巧妙搭配组合菌菇类。**
→ 豆类和菌菇的鲜美都属植物性质，配在一起相得益彰。在豆类咖喱浓稠烂乎的口感中，菌菇特有的嚼劲也会成为美妙的音符。

能给味道带来变化的食材

希望增加鲜味与口感时……

→ 菌菇

蟹味菇、灰树花、双孢蘑菇等菌类种类丰富，鲜美的味道会慢慢渗入咖喱当中。

感觉味道有点欠缺的时候……

→ 水果

优雅的甜味和清新的酸味是非常出彩的佐料。苹果、杧果等酸甜味水果很合适。

希望体现圆润感时……

→ 鸡蛋

作为装饰，演绎出圆润感。可放白煮蛋和煎蛋，最后打上一个生鸡蛋也很美味。

提升味道与色彩

胡萝卜

carrot

滚刀切大块炖煮，优雅的甜味会在口中弥漫扩散。擦成泥的胡萝卜慢慢翻炒之后，就会与洋葱一样，成为大有用武之地的风味底料。

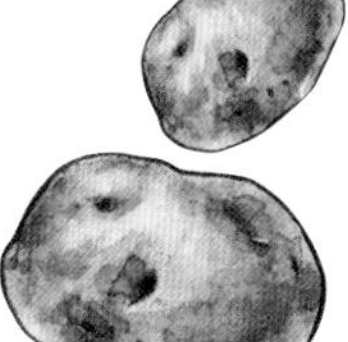

与咖喱相得益彰

土豆

potato

在日本的咖喱食材中，属于经典中的经典。作为佐料使用同样能够大显身手。使用时，先要定好是希望口感松软，还是做成醇厚浓稠状。

Vegetables

蔬菜

咖喱必备品项

洋葱

onion

洋葱是咖喱的必备蔬菜，甚至可以说，炒洋葱=咖喱味道的决定因素。不同切法会使口感和味道呈现变化。如果作为主料使用，宜切成半月形或者切圈。

鲜美扑鼻的万能蔬菜

番茄

tomato

熟后甜味和鲜美更胜一筹，作为咖喱底料，凭实力出场。除了新鲜番茄之外，还可使用水煮番茄（罐头）。与其他蔬菜搭配起来相得益彰。

配合肉&油，完美绝伦

茄子

eggplant

除了适合搭配肉末外，不裹面，直接油炸后放到咖喱内，美味更突出。与锡兰肉桂等特色香辛料也很搭。此外，只管煮软炖烂吃也很不错。

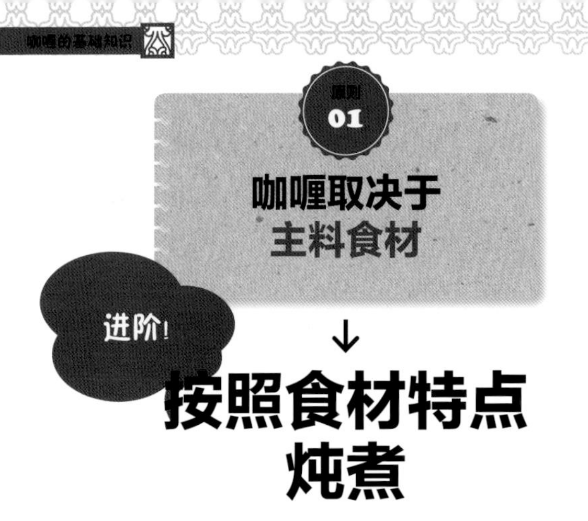

食材不同，部位不同，
烹饪时间和适合的烹饪方法存在区别。
咖喱烹制中，“炖煮”尤其重要。
一开始就要形成这一意识。

讲究时间和方法，引出鲜味

“炖煮”是增加咖喱鲜美与醇厚不可缺少的烹饪工序。了解食材各自的特点并调节炖煮火候非常重要。

首先，要确定该食材是做“主料”，还是用作“风味底料”。如果是做配料食材，基本上火候到达食材中心的瞬间为最佳。但是，肉块等材料要炖烂软才好吃。如果用作风味底料，要把食材与汤汁放到一起，长时间咕嘟咕嘟炖煮，引出鲜美的味道。

炖煮时间标准

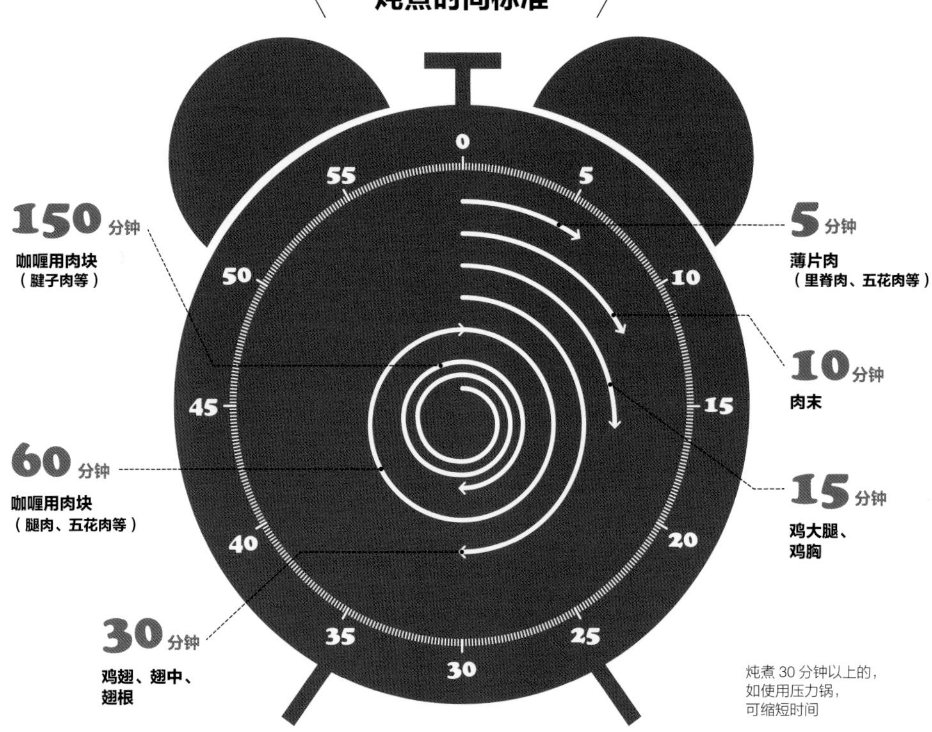

炖煮 30 分钟以上的，
如使用压力锅，
可缩短时间

炖煮备忘录

牛肉

肉块、牛尾肉、腱子肉细煮慢炖。

猪肉

炖到肉块烂软。

鸡肉

带骨鸡肉炖30分钟以上，就能烹出美味高汤。

鱼贝类

虾蟹贝类汤汁鲜美，但是如果炖煮过火，肉质发硬，会成为引出独特腥味的罪魁祸首。

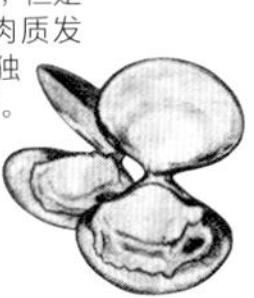

蔬菜/豆类

基本炖烂软即可。洋葱、番茄等如果作为风味底料，要炒后再炖。叶菜要领在于稍微一煮即可。

其他

鱼肉加工品，尤其是已经加热烹制完毕的，无须长时间炖煮。

肉并非炖的时间越久越好

说到底，“炖煮”就是汤汁没过材料，用小火/文火长时间煮。简单点说，食材之所以炖煮后美味可口，是因为食材的鲜美溶入汤中，锅内各种食材味道融为一体。

虽说肉类炖煮后风味更佳，口感会变得烂软柔和，但并不是一个劲儿地炖就好。如果炖煮太过，肉的鲜美就会全部渗入汤汁，而肉本身味道消失殆尽。需要按照肉的种类掌握炖煮时间，做到肉和汤汁二者均达到鲜美可口的状态。

肉类炖煮方法基本原则

1 用水和白汤，按 30 分钟 ~1.5 小时标准炖煮

参考值：带骨鸡肉30分钟，猪肉块1小时，牛肉块1.5小时。注意：若炖煮过久，肉本身的味道就会消失殆尽。

2 关火，在常温下晾凉

要领：炖煮时间达到参考标准后，关火，在常温下先晾凉。这一程序会使渗到汤汁中的肉的鲜美回到肉中。

追求打底味道的极致境界

基本上，从洋葱开始

咖喱味道若要达到巅峰，首先要从追求打底味道的极致境界入手。不管怎么说，炒至变为糖色，香味、甜味和鲜味都会增加的洋葱是其根本。

掌握洋葱的风味秘密

除了咖喱以外，洋葱也经常用作炖菜和汤品的底料。变为糖色的洋葱甜味优雅，香气能够勾起食欲，简直无可取代。但是，如果是新鲜品，不管是切还是吃，都会辣得让人流眼泪。其什么部位隐藏着这样的风味？我们根据其所含成分来一探究竟。

二烯丙基硫醚

→ 辛、甘

谷氨酸

→ 鲜

▶ 加热

▶ 浸水

葱、蒜中所含成分是其独特刺激性气味和辣味的来源。一切洋葱就会流眼泪也是由于这一成分。但是，该辛味成分一经加热就会变为甜味成分。另外，由于其水溶性质，浸水后辣味也能减轻。

▶ 搭配鱼肉

氨基酸的一种，是著名的鲜味成分。在蔬菜当中，洋葱也是谷氨酸含量较多的蔬菜之一。鱼肉等食物中所含肌苷酸与谷氨酸同属鲜味成分，二者合起来后的协同效果会使鲜味更强烈。

打底味道 备忘录

番茄

与洋葱一样，含谷氨酸。番茄熟得越红，谷氨酸含量越多。除了咖喱之外，也是各种酱料打底不可缺少的食材。

海带

海带为日本菜肴汤汁必备品，同样含谷氨酸，且含量为最高级别。也有很多人将其用作荞麦面咖喱等的底料。

鲣鱼花

用鲣鱼做的鲣鱼花中肌苷酸含量丰富。海带和鲣鱼花合到一起，还能发挥谷氨酸和肌苷酸的协同效果。

香菇

是含有与谷氨酸、肌苷酸并列的鲜味成分鸟苷酸的食材的代表。与鲜香菇相比，干香菇中含量更多。

火候很重要！焦煳乃大忌！！

看上去喷香诱人，炒成糖色的洋葱将会构成咖喱的口味、香味和鲜味。烹制咖喱时，将洋葱一直炒到变为糖色乃基本法则。切实引出香味和甜味这一点非常重要。虽说如此，可能也有很多人并不知道应该炒多长时间。按照水野老师的介绍，大火炒 20 分钟接近最佳状态，其甜度比小火炒 60 分钟高将近一倍。但需注意的是，大火容易焦煳。要达到炒洋葱的最高境界，避免焦煳是大原则。如果焦煳，洋葱会发出苦味，抹杀好不容易炒出来的甜味和鲜味。

炒法诀窍在于，要让洋葱一点一点逐渐变色，按照这一感觉翻炒，让水分彻底挥发殆尽。视线要始终不离锅，不断搅拌翻炒，避免炒得不均匀。

大火炒20分钟，直到变为糖色

虽然也有做法是用小火慢慢炒成糖色，但用大火短时间内出糖色后，甜度更高。不过要注意避免焦煳，颜色变为带黑的糖色即可。炒完时，水分消失，洋葱减少到炒前总量一半以下最为理想。

改变加热方法

生洋葱有辣味，但一经加热，就会产生柔和的甜味。除了翻炒以外，其他加热方法也能引出鲜味。一道咖喱中，也可使用通过多种加热方法做出的洋葱。

做成炸洋葱

切成薄片或者切碎，用 180℃ 的油炸成金黄色。如果希望咖喱味道更有力，推荐使用此法。油炸会使香味增加。好像还可用于蔬菜咖喱创新等用途！

做成洋葱酱

新鲜洋葱切成合适大小，用料理机或者擦子打成糊状使用。做出的咖喱口感香滑清新。也可适度加热，保留洋葱的清新风味。

按照目的，切成不同形状

洋葱的巅峰之路始于切法。如果用作风味底料，最好按照正宗做法，切碎或者切薄片；如果作为配料食材享用，建议切成半月形或者切圈。

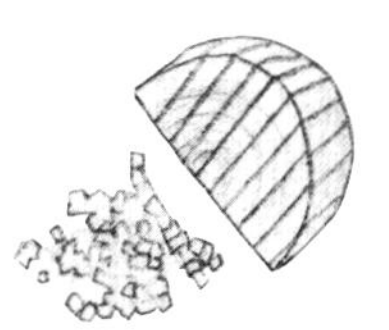

切碎

让洋葱烹饪时变得最甜的切法是粗粗切碎。其与炒洋葱不同，火候轻，留有爽脆的口感，也可作为配料食材享用。

经典

切片

纤维平行切断易熟，炒后口感也佳。反之，纤维垂直切，会溶入酱料，成菜咖喱浓稠。

创新

半月切

希望把洋葱作为配料食材享用时最为合适。炖煮后，洋葱的风味和口感依然保留。若用柠檬汁和大蒜腌制，味道将会紧敛有致。

切圈

不裹面油炸后作为装饰使用，存在感突出，会让咖喱的感觉为之一变。用高温油稍微一炸，爽脆的口感也很诱人。

洋葱烹制炉火纯青，做好咖喱风味底料后，
加入能够带来“甜”“酸”
等风味的食材，
将会使咖喱的味道更加深邃。

咖喱不仅要尝“口味”，还要品“风味”

判断味道的味觉是指酸、甜、苦、咸。最近，也有人把“鲜”列入其中。顺便提一下，咖喱非常注重“辣”元素，辣在生理上属于痛觉。

风味虽指口感，但并不单纯指味觉，还与食物的软烂程度、坚硬程度、冷热温度和香味要素等密切相关。融香、味、辣于一体的咖喱正是可以享受风味的食品。知晓各种食材的固有风味，就能完美引出心目中的咖喱风味。

这种时候怎么办？

风味相关问题 Q&A

Q1 怎样才能做出香喷喷的咖喱？

A 经过加热的香辛料是决定因素

咖喱香味取决于香辛料。香辛料本身也散发香气，但经过加热后，香气将会更突出。香辛料整料是在开始烹饪时，通过炒制等方式引出香味，然后用引出香味的油烹制其他食材即可。而香辛料粉料长时间加热后，香味会挥发，故要在烹饪收尾阶段放入。

要领

玩转孜然的香味……

1 用油炒孜然，其间注意避免焦煳。

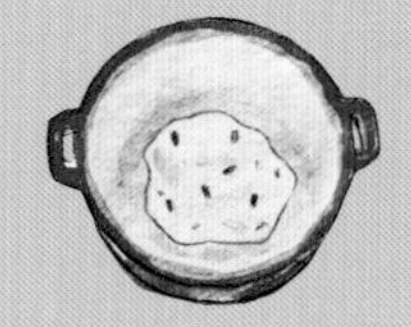

2 ❶中放入洋葱继续炒，引出香味。

孜然是咖喱的基本香辛料。在烹饪开始阶段，用油炒，引出香味，然后炒制洋葱等食材，再加以炖煮，成菜咖喱就会充满浓郁的孜然香。

手制咖喱重要食材风味备忘录

介绍咖喱佐料常用食材
具有的代表性风味

酸甜华丽	带来甜味和深度	鲜味浓缩的咸味
橘子酱、酸甜酱、番茄酱等	巧克力、蜂蜜、鲜奶油等	葱油、味噌酱、酱油等

清新的酸味能够收敛味道	辣中清爽的苦味	辣中飘酸
酸奶、番茄、梅干等	黑胡椒、蒜片等	鱼露、芥末、豆瓣酱、塔巴斯科辣椒酱（tabasco）等

苹果

咖喱中加入苹果泥属于经典做法，但是把苹果煎一下再煮也很不错。煎后苹果香飘四溢。

芒果

在印度调味料酸甜酱中，属常用水果。其甘甜中带有一股舒爽的酸味。打成糊状炖煮后，能够引出华丽浓郁的鲜美口感。

杏干

既不同于苹果，也不同于葡萄干，其独特的酸甜味能够突出咖喱的辛辣。可用水泡开后使用，但如直接使用，口感也会成为一种点缀。

Q2 再加一味……感觉味道有点欠缺的时候，应该放什么？

如果不知道怎么办，就是加热水果大显身手的时候

水果的甜味力量能在无形中提升整体风味。加热后，还能增添一股独特的风味，演绎出咖喱的深邃感。

Q3 希望做出清新味道时，应该怎么办？

加入酸味。

对收敛浅淡味道，达到紧致效果很有用。在咖喱的老家印度，人们也经常使用带有酸味的食材，如番茄、酸奶、罗望子等。

番茄

加入酸味后，鲜美更甚。

酸奶

用来调制醇厚感也很棒。

玩转速溶咖喱块

想要引出咖喱块的美味，发挥其最大效果，
选取自己喜爱的咖喱块并正确使用比什么都重要。

掌握正确使用方法后，加以改造创新

在遍布全球的咖喱文化中，日本似乎很特别。那就是，人们并不使用香辛料，而是以“咖喱粉”为主。咖喱粉虽来自英国，但日本人使用咖喱粉改造创新的能力却是卓尔不群。其进化系列就是“速溶咖喱块”。应该也有不少人是按照自己的方式，仅仅使用日本家喻户晓的咖喱块。在这里，我们来了解一下咖喱块的正确使用方法。

What's Curry Roux?

“速溶咖喱块”，究竟为何物?

做咖喱时，从头开始，逐一亲手调制咖喱风味的是“香辛料”；咖喱用香辛料事先混合到一起，就成了“咖喱粉”；在其基础上，使用面粉、油脂添加鲜味和黏稠感，形成的就是“速溶咖喱块”。

Spice 香辛料

在咖喱的老家印度，家家户户都调制香辛料，它是“妈妈的味道”

以锡兰肉桂、小豆蔻、孜然、芫荽为代表的香辛料是咖喱味道的决定要素。干燥的植物种子、果实等原形材料称“整料”，研磨后称“粉料”。

Curry Powder 咖喱粉

传自英国，在日本独自完成进化

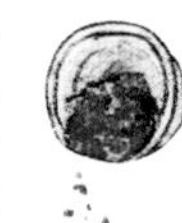

省却复杂的调制程序，事先将多种香辛料混到一起的混合品。一般是把十余种香辛料焙煎，在粉末状态下调制、熟化而成。

Curry Roux 速溶咖喱块

只要投入锅中，就能做出美味咖喱的便利好物!

咖喱粉中熬入面粉、油脂、香辛料等材料，做成的固体或者板状物。又，速溶块（roux，法语）为烹饪术语，是指面粉和油脂的炒制品，目的是增加汤的黏稠感。速溶咖喱块可常温保存，使用非常方便。

咖喱块挑选方法备忘录

速溶咖喱块中除了香辛料，还含有多种美味元素材料，如鸡汤等的提取物粉末、氨基酸等调味料。市面上的成品咖喱块种类繁多，各有特点，大家可品味其做好后的咖喱味道。这里介绍一下挑选要领，以从中找到符合自己口味的咖喱块。

要领 1　了解咖喱块的特色

香辛料丰富，辣味强烈；口感圆润，甜味较浓……味道特点是挑选咖喱块时的一大要点。除此以外，味道当中也有变化，比如香辛料丰富、辣味强烈的咖喱块中，也有家常风味的柔和口感、正宗风格的醇厚口感等。多尝多比较，寻找自己喜欢的速溶咖喱块也是一种乐趣。

要领 2　基本原则：只用一种

两种咖喱块配到一起，美味将会加倍……虽然感觉上是这样，但实际上并非如此。各种咖喱块的调味料都经过精心计算，正因如此，要加以创新是非常困难的。不过，说到底是个人喜好的问题，如果碰到感觉好吃的组合，那真的是一件幸运的事！

1. 关火，降温。
2. 掰开咖喱块放入，搅拌。
3. 小火加热，避免煳锅。
4. 变浓稠后，关火。

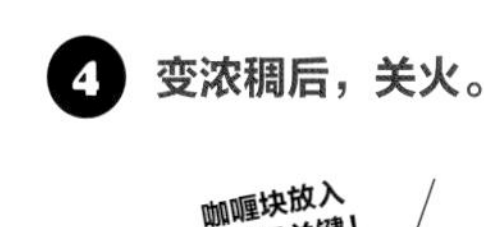

How To Use Curry Roux

如何正确使用咖喱块？

速溶咖喱块使用方便，但是另一方面，它又是一种很娇气的调味料。如果汤汁温度状态为80℃以上，咖喱块放入后，无法完全融化，有时还会结块。这是因为咖喱块中所含淀粉这一面粉成分在高温下凝结，或是整体汤汁无法将咖喱块全部融化。为了防止上述情况的发生，首先，放入咖喱块前，须暂时先关火，降低汤汁温度。其次，咖喱块掰开放入后，要仔细搅拌。上述工序是成菜均匀的不二法则。

另外，还要注意放入咖喱块后的火候大小和关火时机。放入咖喱块后，再次开火煮几分钟，整体就会变浓稠，形成圆润口感。为了避免最后成品失败，要参考速溶咖喱块包装上所列烹调方法，正确使用咖喱块。

手制咖喱味道优雅的基本原则

速溶咖喱富有浓稠感源于咖喱块中所含的面粉等材料。浓稠形成的润滑口感还会增加醇厚和鲜美。即使不使用咖喱块，有的食材也能引出这种浓稠感。乳制品等材料放到速溶咖喱中也很不错。

原则 03

玩转速溶咖喱块

进阶！

↓

调出浓稠 引出醇厚

使用咖喱块做的咖喱具有独特的浓稠醇厚感，是日本人倍感熟悉和亲切的大爱味道。再费一点儿功夫，美味将会更胜一筹。

面粉＋黄油

按照与做奶汁烤菜（gratin）等菜肴所用白汁相同的要领制作。熔化黄油（避免焦煳），再加入面粉搅拌，直到不再有粉状颗粒。咖喱粉放入其中，用汤拌成糊状，就成了手制咖喱块。

土豆

炖煮土豆，直到土豆不成形（约 30 分钟），淀粉融入汤中，形成浓稠感。这种情形下，土豆仅为味道底料。作为配料食材享受食用口感时，需另外准备，调整炖煮时间。

浓稠

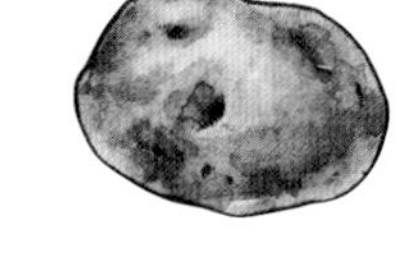

坚果

可以尝试用营养价值高，能摄取优质油分的坚果制作美味可口的咖喱。用料理机等工具，尽可能地将坚果粉碎细腻，然后将其与洋葱酱等材料一起炖煮。

淀粉

像面粉一样，无须用黄油，就能轻松做出浓稠感的得力调料。烹制咖喱时，放入用少量水溶解的淀粉并加热。淀粉最好少量逐渐加入，调出自己喜欢的浓稠度。

醇厚

乳制品

除了鲜奶油之外，牛奶、黄油、酸奶等乳制品也适合用来提升醇厚感。牛奶和鲜奶油在炖煮前放入，一起熬煮，或者烹制时倒入均可。但需注意，如添加过量，形成感觉过于醇厚，口感将会变重。

掌握手制咖喱的基本原则后，勇敢挑战！

“东京咖喱~番长”精心考究的私家咖喱！

食材挑选方法、打底味道臻于极致的方式、咖喱块的正确使用方法——
记住手制咖喱的3项基本原则后，
按照水野老师亲授特制食谱，挑战手制咖喱！

咖喱牛排

P.082

菠菜咖喱鸡

P.084

咖喱腌鸡肉

P.085

酸奶肉碎咖喱

P.086

绿咖喱虾

P.087

食谱01

饕餮无餍，直击胃袋

咖喱牛排

Beef Steak Curry

材料

洋葱半月切……2个的量
大蒜……1/2瓣
牛肉……350 g
（煎肉用牛背肉亦可）
红甜椒……2个

固体咖喱块……4人份
乌醋……少许
色拉油……2小匙
盐……少许
胡椒……少许
水……600 mL

烹制方法

1 锅内放色拉油，烧热，依次煸炒洋葱、红甜椒。
2 放入乌醋稍加翻炒后，倒入水，盖上锅盖，小火煮开10分钟。
3 固体咖喱块放入 2 中融化，搅拌。
4 平底锅内放色拉油，烧热，煸炒大蒜，香味出来后用盐和胡椒炒牛肉。
5 3 内拌入 4，完成。

要领

炒洋葱和红甜椒时放入乌醋可收敛味道，出锅后的味道迥然相异。

此系炖煮用锅，煎牛肉时另用平底锅。
牛肉熟后，直接放入锅中炖即可。

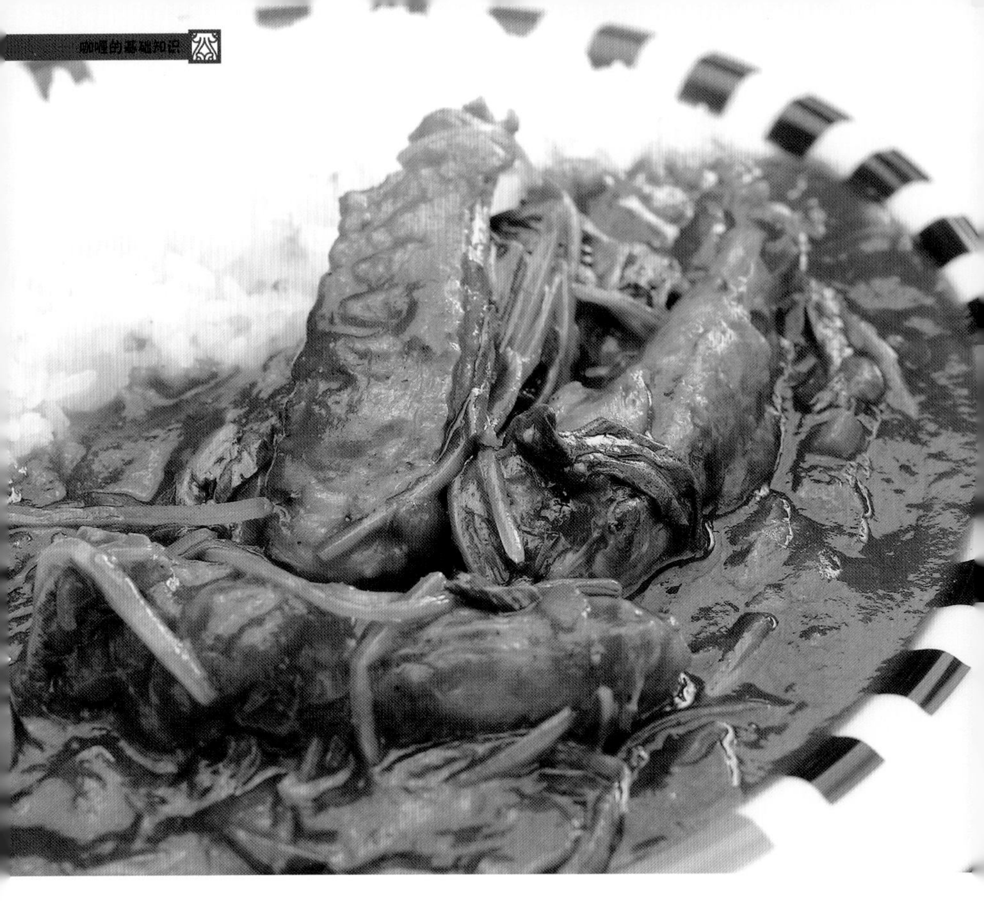

食谱02

带骨鸡肉，咂吧手指的愉悦！

菠菜咖喱鸡

Chicken and Spinach Curry

材料

鸡翅中……12 个
粗切碎洋葱……1/2 个的量
菠菜……1 把
蒜泥……1 大匙
姜末……1 大匙
固体咖喱块……适量

烹制方法

1 锅内放色拉油（分量外），烧热，仔细煎鸡翅中肉，直到煎上色，加碎洋葱继续翻炒。
2 放入蒜泥和姜末，继续翻炒。
3 倒入水（分量外），盖上锅盖，煮20分钟。
4 熔化固体咖喱块，搅拌。
5 放入长度切成3等份的菠菜，加热完成。

要领

姜蒜是这道咖喱的必备品。只要有了它们，一下子就能做出适合成年人的味道。

为了保持新鲜感，菠菜要最后放入。

食谱 03

鲜美渗入鸡肉，令人陶醉

咖喱腌鸡肉

Marinating Chicken Curry

材料

鸡大腿……350 g
芸豆……适量
橙色甜椒……2 个
色拉油……1 小匙

A（腌制材料）
醋……1 大匙
咖喱粉……2 小匙
番茄酱……1 大匙
纯酸奶……50 g
蒜泥……1/2 小匙
姜末……1/2 小匙

烹制方法

1 A 混合到一起，用其将切成一口大小的鸡大腿肉腌制 2 小时以上（最好一晚）。
2 平底锅内放色拉油，烧热，煎 1。
3 鸡大腿肉出油后，放入芸豆和滚刀切好的橙色甜椒翻炒。
4 水分完全挥发后，用盐（分量外）调味，完成。

要领

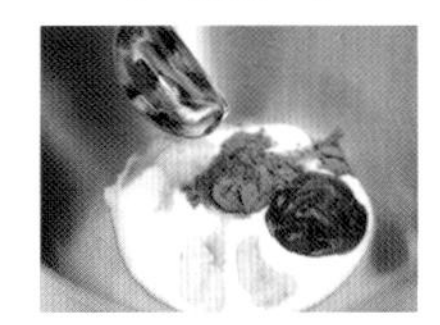

鸡大腿肉先腌 2 小时以上（最好一晚），充分腌透。

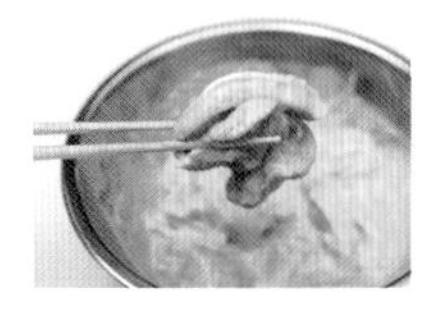

鸡大腿肉腌入味后再煎。

在家中享用正宗肉碎咖喱

酸奶肉碎咖喱

Yoghurt Keema Curry

材料

洋葱片……1 个的量
猪牛混合肉末……300 g
茄丁……2 根的量
蒜泥……1 大匙
姜末……1 大匙
纯酸奶……150 g
圣女果对半切……15 个的量
水……300 mL
盐……适量

★香辛料
格兰姆・马沙拉……1/2 小匙
孜然……1/2 小匙
芫荽……1 小匙
姜黄……2 小匙
辣椒粉……1/2 小匙

烹制方法

1 用平底锅，大火将洋葱片炒至变为糖色。
2 放入蒜泥、姜末稍微一炒，再放入猪牛混合肉末翻炒。
3 香辛料全部混合起来放入，再加入纯酸奶、茄丁，继续翻炒。
4 加水煮开，再用小火保持沸腾状态煮5分钟。
5 最后用盐调味，关火，撒上圣女果，完成。

要领

炒洋葱片时，不能用小火，要用大火！（→P.075）

加入纯酸奶，就能形成具有圆润醇厚感的味道。

食谱05

令人上瘾的加法，奶香+猛辣

绿咖喱虾

Shrimp Green Curry

材料

小明虾……大个8只
草菇……230 g
鹌鹑蛋（水煮）……8个
绿咖喱酱……1袋
椰奶……200 mL
鱼露……1小匙
香菜……适量
橄榄油……2大匙

烹制方法

1. 平底锅内放橄榄油，烧热，煸炒去须小明虾。
2. 小明虾熟到一定程度后，拌入绿咖喱酱翻炒。
3. 依次放入草菇、鹌鹑蛋，并混合翻炒。
4. 倒入椰奶，小火煮10分钟。
5. 拌入鱼露，撒上香菜，完成。

要领

小明虾放入绿咖喱酱内翻炒时，注意勿出现结块。

椰奶足量放入。独特的醇厚与芳香会令人垂涎欲滴！

专栏

新感觉炒咖喱

“东京咖喱~番长”的水野老师强烈推荐的
手制咖喱极品“炒咖喱”，到底是什么东西！？
它以前所未有的理念，为咖喱界吹入了一股新风。
我们向老师请教了两款炒咖喱的烹制方法。

食谱 01

保留蔬菜脆爽口感的革命性咖喱

蔬菜炒咖喱

Vegetable Curry

材料

培根切丝……150 g
番茄半月切……1 个的量
甘蓝切丝……1/3 个的量
土豆切丝……1 个的量
开水……600 mL
固体咖喱块……4 人份
橄榄油……2 小匙

烹制方法

1 固体咖喱块用开水溶化。放入开水中，等待1~2分钟较为容易化开。
2 平底锅内放橄榄油，烧热，培根炒至酥脆。
3 2中放入甘蓝、土豆翻炒，熟后放入番茄，继续炒。
4 3中倒入1，煮开。
5 开锅后稍顿，转中火煮5分钟。土豆熟后即告完成。

要领

用开水溶化自己喜欢的固体咖喱块。4人份的开水量参考值为600 mL，可依个人喜好调整。

炒好的食材和溶化的咖喱酱合在一起即告完成。不炖不煮，可保留蔬菜的新鲜感。

新感觉炒咖喱，无须炖煮也可口

近来，虽说从香辛料步骤开始，亲自动手制作咖喱并乐在其中的“猛人”越来越多，但应该还是使用成品固体咖喱块的人更多一些。在日本独自多方研制出的咖喱块内，除了香辛料以外，还熬入了面粉、调味料、油等材料，连味道都经过了精心计算。各个厂家反复试验，费尽周折才找到的极致美味结晶，就是咖喱块。

据悉，水野老师向厂家多方取经后，产生了这样的设想：是不是只要把浓缩食材鲜美的咖喱块用热水融化，就能变成无上美味的酱料？

“我想，要是这样的话，只要把炒好的食材裹上酱料，就能做出咖喱来吧？这样既能恰到好处地保留蔬菜等材料的口感，还能缩短烹饪时间。”

于是，炒咖喱就诞生了。极简而又极品美味，作为手制咖喱的全新经典菜品，务要收入书中。

食谱02

虾和扇贝都Q弹十足

海鲜炒咖喱

Seafood Curry

材料

去壳虾……8只
扇贝……6个
西兰花……1/2朵
豆瓣酱……1小匙
开水……600 mL
固体咖喱块……4人份
香油……2小匙

烹制方法

1 固体咖喱块用开水融化。放入开水中，等待1~2分钟较为容易化开。
2 平底锅内放香油，烧热，翻炒去壳虾、扇贝。
3 2中加入西兰花翻炒。
4 3中拌入豆瓣酱。
5 1倒入4内，大火煮开5分钟，完成。

要领

出人意料的是，豆瓣酱是调味的决定因素。它与海鲜搭配相得益彰，这种做法在中国菜中也很常见。

海鲜的口感是这道菜的成败关键！如果做炒咖喱，稍微一炒，马上就出锅，即可保持Q弹的口感。

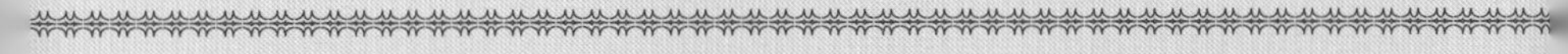

再费点儿心思，美味翻倍！

＼让咖喱变得更美味／

佐料＆秘技

使用成品咖喱块和咖喱粉时，
只要略微用心，味道立马就会很正宗。
我们向料理家星谷菜菜老师
请教了咖喱块和咖喱粉的有效使用方法。

咖喱烹制的诀窍在于认真备料与想象力

料理家星谷菜菜老师烹制咖喱时，非常重视调制底料。不管是用成品咖喱块，还是用姜蒜调制风味，仔细炒洋葱，引出甜味，在炖煮前的工序上，她一点儿也不马虎。她还说，始终想象成菜的味道这一点也很重要。

希望口感圆润时

- 酸奶
- 椰奶
- 牛奶
- 鲜奶油
- 黄油

希望味道辛辣时

- 辣椒
- 辣椒粉
- 咖喱粉
- 黑胡椒

知识讲解……
星谷菜菜老师

Hoshiya Nana，料理家。因发挥食材固有味道，菜品口感柔和以及充满自然气息的风格而备受好评。从充满怀旧情绪的午餐风咖喱，到正宗印度风咖喱，都是老师的大宠。

希望增添风味时

- 速溶咖啡
- 乌醋
- 蒜泥
- 姜末
- 盐
- 白兰地
- 咖喱粉

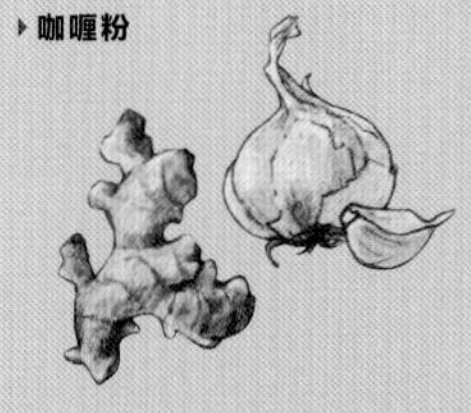

希望味道甜美时

- 酸甜酱
- 果酱
- 番茄酱
- 沙司
- 巧克力
- 苹果泥
- 甜料酒

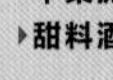

按照食谱烹制，尝味时，经常会有“再加点儿什么……”的想法。尤其是用咖喱块做的咖喱，味道容易陷入单调。这种时候，可以试试参考左侧列表，烹制过程中加入各种不同食材。但需注意，它们只是佐料，勿放过量。

确定食材，调味……烹制咖喱的时候自不必说，在装盘和凉配菜的搭配上也要用点创意和小心思。从动手烹饪到上桌食用，一点都不能马虎。

01 放入咖喱块后，不要马上关火，稍微再煮一会儿

刚放入咖喱块时，味道比较冲，不要马上关火，小火再煮5~10分钟，味道就会变圆润。放入咖喱块后，容易煳锅，最好用木铲等工具，贴着锅底搅拌。但是，不可炖煮过久。如果长时间炖煮，风味会挥发，配料食材也可能变形。

02 加入新鲜蔬菜，口感&健康效果提升！

咖喱和米饭装盘时，凉配菜也要用点心思。加入黄瓜、生菜等新鲜蔬菜，不仅营养搭配均衡，还能享受到咖喱中缺少的脆爽口感。使用绿色、黄色蔬菜，色彩缤纷，赏心悦目，请客招待也很合适。

03 使用咖喱粉，给隔夜咖喱增添风味

做好的隔夜咖喱已经熟化，醇厚感增加，吃起来更美味，但是风味易挥发。这时候，可加入少许咖喱粉。用富有醇厚感的咖喱酱增加风味，味道更丰富。另外，隔夜咖喱加热后鲜美更甚，做成咖喱乌冬面等食物也很好吃。

04 使用适宜配肉的蔬菜

不管怎么做，使用成品咖喱块做的咖喱味道总是很容易雷同，但只要在配料食材上花点儿小心思，就能体会到变化，可以多多尝试。鸡肉配番茄、牛肉配菌菇、绿咖喱酱配鱼虾贝类……记住这些相宜组合很方便。

05 利用装饰，提升家庭聚会气氛

给朋友和家人端上咖喱时，装饰和凉配菜一起摆上餐桌将会非常完美。除了经典的“福神渍”腌菜、藠头以外，再备上炸洋葱圈、煎蛋、烤杏仁等多种小菜，即使是同一种咖喱，也能享受到多种口感，肯定超受欢迎。

06 如果味道松散，用盐和胡椒调味

尝一下完成的咖喱，如果总觉得味道松散，放盐和胡椒调下味道。在印度，人们甚至称盐是最好的香辛料。只要烹制时加入少许，味道就会紧凑有致。但需注意，如果放入过量，会与辣味打架，味道变松散。

咖喱达人亲授 精选食谱

真想做出好吃的咖喱！就像在餐馆中吃的那样，令人赞不绝口。印度咖喱、泰国咖喱、欧式咖喱……使用各类咖喱专业人士传授的食谱，就能实现这一愿望。你不想试试吗？

01

清淡&健康

南印度咖喱

克拉拉的风Ⅱ（KERALA NO KAZE）提供

在以米饭为主的印度南部，咖喱等菜肴均以配米饭为主。尽管任何一种咖喱都是发挥香辛料的作用，但南印度咖喱大量使用蔬菜，属于朴素的可口美味，不知哪里会有日本菜的感觉。

“咖喱米饭套餐”→P.094
“咖喱鸡”→P.102

开胃小品！

“马沙拉奶茶”→P.106
“花生马沙拉”→P.107

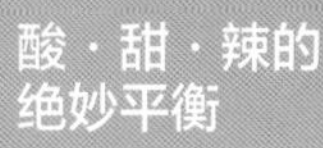

02

酸·甜·辣的
绝妙平衡

泰国咖喱

泰兰（THAILAND）提供

甜中有辣，蔬菜和肉鲜美四溢！从头开始完全自己动手比较困难，但如果使用成品酱料，很轻松就能尝到正宗味道。

“绿咖喱”→P.108

03

细煮慢炖
引出鲜美

欧式咖喱

神田老水手（KANDA LOUP DE MER）提供

欧式咖喱并无严格定义，大致说来，是在炖牛肉中加入香辛料的创新炖煮菜。亦可称为配合日本米发明的西餐菜品。

“欧式咖喱牛肉”→P.112

04

日本特有的咖喱文化

咖喱咖啡馆

其仪托斯茶房（KIITOS CAFÉ）提供

主打咖喱的咖啡馆为数不少。尽管每家店提供的咖喱基本都是欧式咖喱，但这家店是咖喱咖啡馆，它对适合搭配的咖啡也做出了计算。

“干咖喱”→P.114

05

露营时大显身手！

野外咖喱

野外料理人 铃木旭老师 提供

说起野外菜品，当属咖喱。露营时，速食咖喱也会很美味。本次提供的是日常咖喱升级版——成人款野外咖喱。

“咖喱浓汤”
→P.116
“冲绳咖喱”
→P.120

01

清淡&健康

南印度咖喱

咖喱米饭套餐 [Meals]

味道自不必说，营养搭配同样与众不同

南印度的代表性套餐

在基本上以米饭作为主食的印度南部，口感清淡的咖喱等菜肴也是以配米饭为主，属于大量使用蔬菜的朴素美味。这次，我们在提供南印度克拉拉邦原汁原味本地菜的名店“克拉拉的风Ⅱ”，学到了“咖喱米饭套餐”和“咖喱鸡”的食谱（餐厅目前已不提供“咖喱鸡”）。

“咖喱米饭套餐”属于印式套餐，除了主食之外，还配以多款咖喱作为主菜，并搭配炒菜、汤和泡菜。听说人们常将其当作午餐食用，所有菜拌在一起进食属于正宗吃法。苦恼不知从哪样下口也是一种乐趣。快快挑战一下 4 种菜品的做法吧!

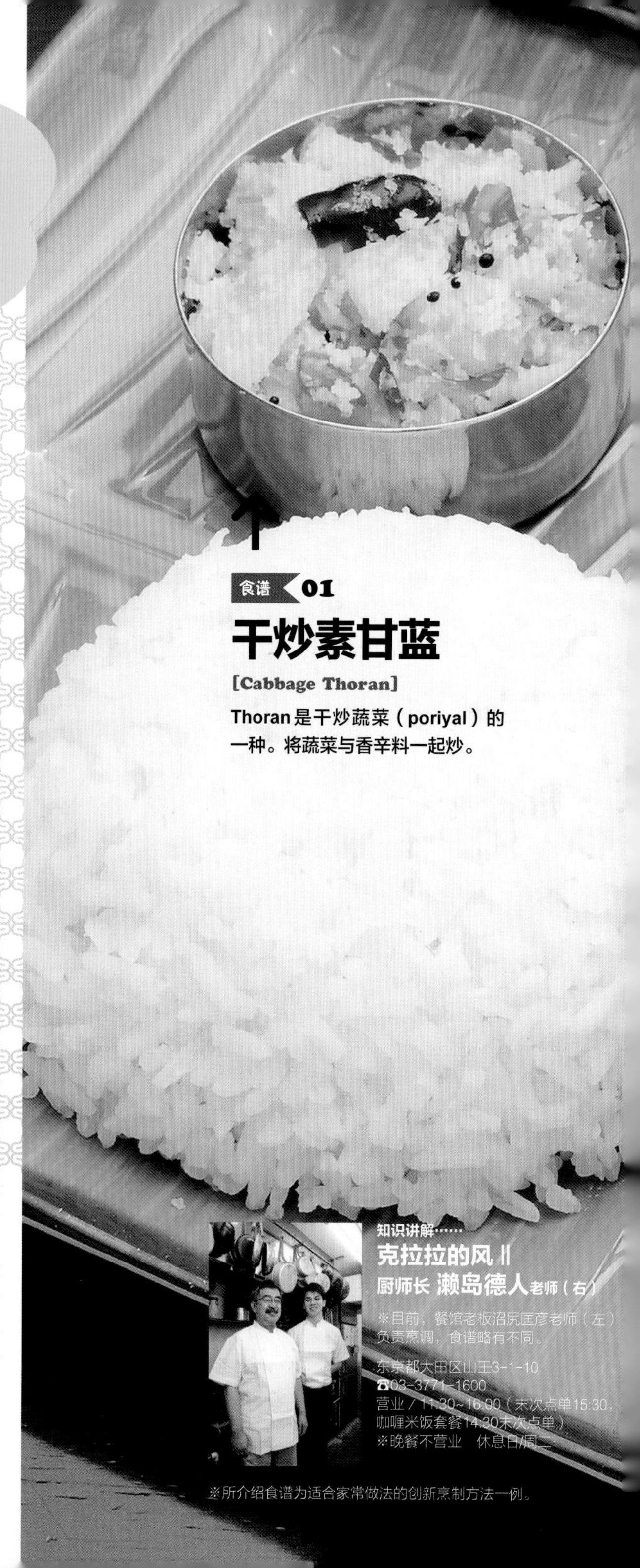

食谱 01

干炒素甘蓝

[Cabbage Thoran]

Thoran是干炒蔬菜（poriyal）的一种。将蔬菜与香辛料一起炒。

知识讲解……

克拉拉的风Ⅱ

厨师长 瀬岛德人老师（右）

※目前，餐馆老板沼尻匡彦老师（左）负责烹调，食谱略有不同。

东京都大田区山王3-1-10
☎03-3771-1600
营业／11:30~16:00（末次点单15:30，咖喱米饭套餐14:30末次点单）
※晚餐不营业　休息日/周二

※所介绍食谱为适合家常做法的创新烹制方法一例。

食谱 02

西葫芦扁豆糊

[Zucchini Kootu]

扁豆蔬菜糊（kootu）是一种汤汁较少的炖菜。将蔬菜与香辛料一起煮。

食谱 03

拉萨姆汤

[Rasam]

南印度的一种汤。使用黑胡椒、大蒜和番茄等烹制出辣味与酸味。

食谱 04

参巴酱汤

[Sambal]

豆子炖烂做成的汤。在南印度的地位类似于日本的味噌汤。

食谱 01

甘蓝口感生动有致，堪称逸品

干炒素甘蓝

[Cabbage Thoran]

材料

粗切碎甘蓝……约 500 g
洋葱碎……100 g
姜丝……10 g
青辣椒斜切小圈……5 g（1 根）
粗椰粉（粗加工椰子粉）……约 75 g
色拉油……1 大匙
盐……适量

★香辛料整料
芥末籽……1 小匙
干红辣椒……2 根

★香辛料粉料（无亦可）
孜然粉……1 撮

※烹饪时，尽量准备底面积较大、容量富余的平底锅。大致标准为粗切碎甘蓝不超过锅体 2/3 深的程度。

1 锅内放色拉油，烧热，放入芥末籽，转大火。芥末籽开始噼噼啪啪弹跳后，放入干红辣椒。

2 芥末籽停止弹跳后，放入洋葱碎、姜丝、青辣椒，粗略翻炒后，加少许盐，炒至洋葱碎颜色变透明。

3 放入甘蓝。加 1 小匙左右盐，待甘蓝出水变软后，相应调到大火炒，直到多余水分挥发。

4 甘蓝整体达到一定火候后，转小火，盖上一个直径小于锅沿的平锅盖烧熟。其间时不时搅拌一下，使整体受热均匀。

5 甘蓝熟后，放入粗椰粉搅拌翻炒。

6 最后调整咸淡，关火。撒上孜然粉，整体搅拌。

食谱 02

椰奶炖蔬菜
西葫芦扁豆糊

[Zucchini Kootu]

材料

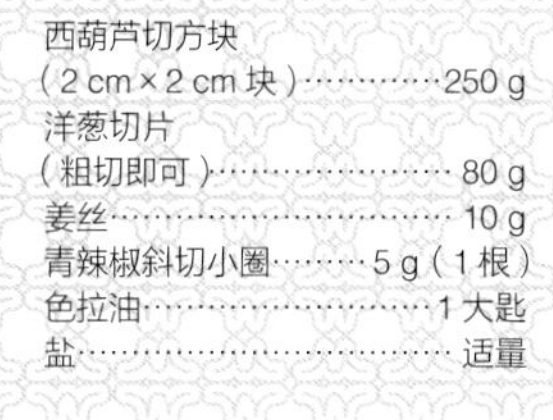

西葫芦切方块（2 cm×2 cm 块）…………250 g
洋葱切片（粗切即可）…………80 g
姜丝…………10 g
青辣椒斜切小圈…………5 g（1 根）
色拉油…………1 大匙
盐…………适量

A（豆泥）
绿豆仁（绿豆碾碎）…………50 g
姜黄粉…………1 撮
盐…………1/2 小匙左右
水…………500 mL

B（扁豆糊用椰香马沙拉）
粗椰粉（粗加工椰子粉）……50 mL（约 20 g）
孜然…………1/6 大匙
辣椒粉…………1/6 小匙
蒜…………1 瓣（1 小匙左右）

★香辛料整料
干红辣椒…………2 根
芥末籽…………1/2 小匙

准备工作

1 A 放入锅内、开火，煮绿豆仁。煮好后，加开水（分量外）调整为 500 mL 的量。※ 煮法→P.101

2 B 放入料理机内，制作椰香马沙拉。图片为完成状态。

烹制方法

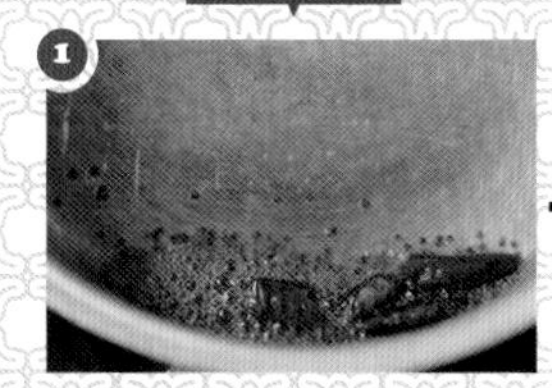

1 锅内放色拉油，烧热，大火炒芥末籽。芥末籽开始弹跳后，放入干红辣椒。

2 芥末籽停止弹跳后，放入洋葱、姜丝、青辣椒，加盐，炒至洋葱变透明。

3 放入西葫芦，轻轻翻炒。

4 放入调整为 500 mL 量的豆泥，煮开。开锅后马上减小火势，火候调节至整个液面均匀咕嘟咕嘟冒泡的程度。

5 调整咸淡，再煮 4 分钟左右。放入椰香马沙拉，整体搅拌混合均匀，煮 1 分钟左右。最后调整咸淡，关火。

食谱 03

酸味恰到好处，用来换口味也不错

拉萨姆汤

[Rasam]

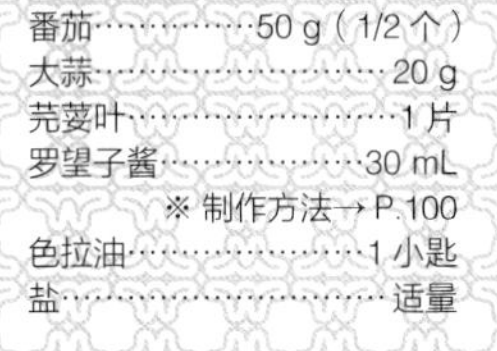

材料

番茄……………50 g（1/2个）
大蒜………………………20 g
芫荽叶……………………1片
罗望子酱………………30 mL
※ 制作方法→P.100
色拉油…………………1小匙
盐………………………适量

A（豆泥）
绿豆仁（绿豆碾碎）…………20 g
姜黄粉…………………………1撮
水……………………………600 mL
盐……………………………1小匙左右

★回火用香辛料
干红辣椒………………………2根
芥末籽……………………1/3小匙
色拉油…………………………1大匙

★香辛料整料
孜然…………………………1/3小匙
干红辣椒………………………2根

★香辛料粉料
芫荽……………………………1大匙
姜黄…………………………1/8小匙
番椒…………………………1/4小匙
甜椒…………………………1/2小匙
黑胡椒（粗研）……………1小匙

准备工作

1 2根干红辣椒适当切成小段，去籽。

2 A放入锅内，开火，煮绿豆仁。煮好后，加开水（分量外）调整为600 mL的量。※ 煮法→P.101

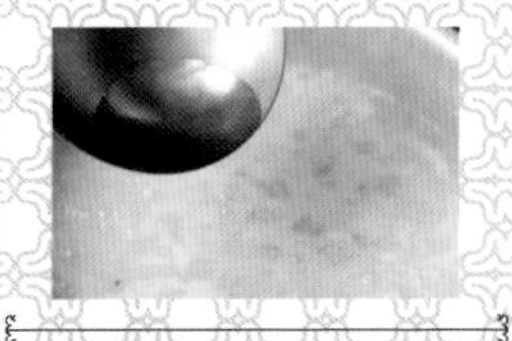

烹制方法

1 大蒜横向切成2半，用菜刀面等工具压碎，然后再粗略切碎。

2 锅内放色拉油，充分烧热，放入孜然。

3 孜然出香味后，放入大蒜和切成小段的去籽干红辣椒，用小火炒30秒左右，注意避免焦煳。

4 放入番茄和少许盐，压扁炒散。

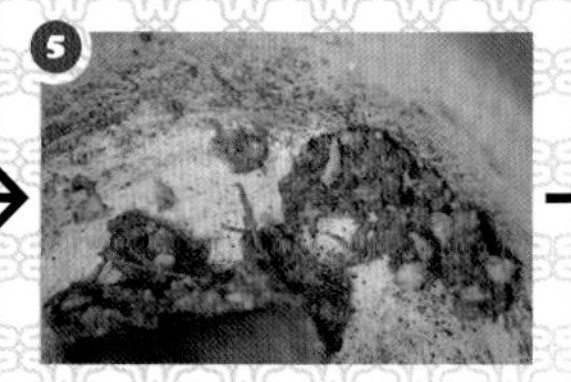

5 番茄不再成形后，加入香辛料粉料，快速翻炒。

6 加入经炖煮并调整为600 mL量的豆泥、芫荽叶和罗望子酱，煮开。

7 开锅后马上减小火势，火候调节至液面整体均匀咕嘟咕嘟冒泡程度，煮10分钟，关火。

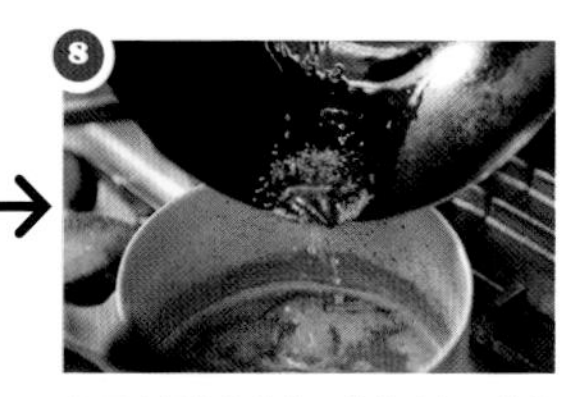

8 另用小锅热色拉油，炒芥末籽。芥末籽开始弹跳后，放入孜然、干红辣椒，出香味后倒入⑦中。

 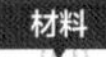

食谱 04

豆类固有的自然甘甜与浓稠

参巴酱汤

[Sambal]

材料

洋葱……100 g（小个 1 个）
冬瓜……200 g
胡萝卜……150 g
茄子……80 g（1 根）
秋葵……40 g（4 根）
番茄……100 g（1 个）
罗望子酱……40 mL
※ 制作方法→P.100
色拉油……45 mL
盐……适量

A（豆泥）
绿豆仁（绿豆碾碎）……150 g
姜黄粉……1/4 小匙
水……1500 mL
盐……2 小匙左右

★香辛料整料
孜然……1 小匙
干红辣椒……2 根
芥末籽……2 小匙

★香辛料粉料
芫荽……6 大匙
姜黄……1/2 小匙
辣椒粉……2 小匙
甜椒……2 小匙

准备工作

1 所有蔬菜统一切成 2 cm×2 cm 大小的方块。

2 A 放入锅内，开火，煮绿豆仁。煮好后，加开水（分量外）调整为 1500 mL 的量。※ 煮法→P.101

烹制方法

1 锅内放色拉油，烧热，大火炒芥末籽。芥末籽开始弹跳后，转小火，放入干红辣椒。

2 芥末籽停止弹跳后，放入洋葱、冬瓜、胡萝卜，大火翻炒。

3 所有蔬菜裹上色拉油和香辛料后，转小火，放入香辛料粉料。快速翻炒，使其裹到所有蔬菜上。

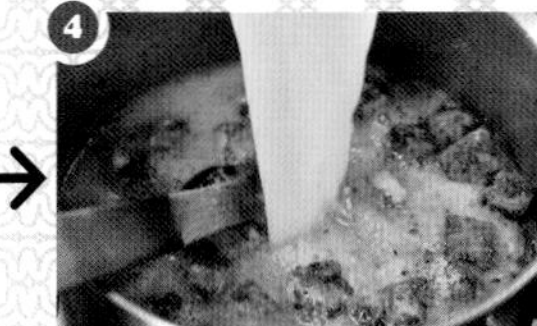

4 加入经炖煮并调整为 1500 mL 量的豆泥和罗望子酱，煮开。

5 开锅后，放入茄子，再次开锅后，将火候调节至液面整体均匀咕嘟咕嘟冒泡的程度，约煮 10 分钟。

6 加入秋葵，用同样火候煮 5 分钟。

7 加入番茄，煮开后稍顿，关火，加盐调整咸淡。

专栏 1

南印度咖喱用需记住的香辛料

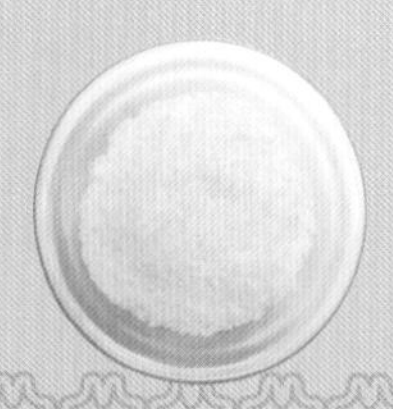

粗椰粉

刨下椰肉后，干燥加工成的粉状物。比椰子粉加工粗糙。

孜然粉

特点在于芳香强烈，能勾起食欲。加工为粉状后，比整料（种子）香味更甚。

孜然

有涩味，微苦，能够增添特色芳香，是印度咖喱中不可或缺的存在。

芫荽粉

芫荽（香菜）种子部分加工成的粉状物。甘甜的芳香更为突出。

罗望子酱

用状如蚕豆荚的果实做香辛料。具有独特的酸味、甜味和香味。

八角

一种味道甘甜芳醇的香辛料，常用于给肉类增味。少量香味也很强烈。

锡兰肉桂条

富有清凉感的甘甜芳香能赋予咖喱深邃感。斯里兰卡产为最佳。

罗望子酱制作方法

① 切成丝的罗望子100 g用60℃～70℃热水浸泡1小时左右。变软后用笊篱打出。

② 已在①中榨过汁的罗望子内加入100 mL温水，揉搓后再次榨汁。

③ 将一次榨汁和二次榨汁混合起来，浓度就会达到中稠度酱料程度，完成。

番椒

辣味强烈。是决定咖喱辣味程度的代表性香辛料。

干红辣椒

决定咖喱辣味程度的香辛料。辣味成分辣椒素还有减肥效果。

姜黄粉

郁金。"咖喱成色"必备。具有药效成分，也是很受欢迎的健康食品。

些最好都备齐
香辛料
口豆类

拉拉的风 II"烹饪菜肴必备香辛料与豆类大盘点！
尤其富有特色的罗望子酱（香辛料）和绿豆仁（豆类），
还向餐厅请教了制作方法。

甜椒粉

不辣的辣椒（甜椒）干燥后加工成的粉状物。作为着色料使用。

绿豆仁

碾碎的绿豆。属于没有腥味的甜豆类。营养价值突出，且易消化。

芥末籽

具有辛辣、能通鼻塞的特点。用油炒，种子就会弹跳起来，发出独特的香味。

黑胡椒粉

未成熟果实带皮干燥后为黑胡椒，仅内侧果实干燥后为白胡椒。

豆的煮法 ※绿豆仁篇

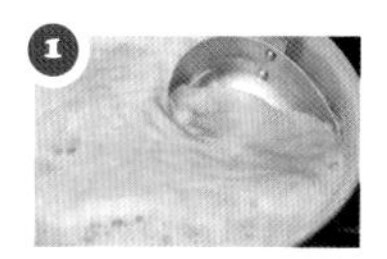

1 豆子放入水中清洗，去掉杂质。豆、水、盐和姜黄放入锅中，开火，煮的过程中撇去浮沫。

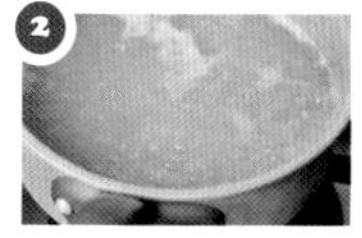

2 调节火候，使锅内液面整体均匀冒泡。注意勿溢锅。

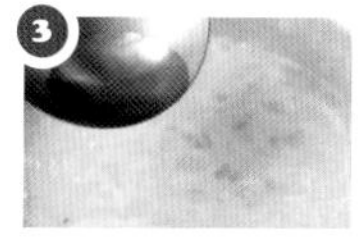

3 豆子膨大后，用木铲缓缓搅拌，确认锅底是否焦煳。如果发现将要粘锅，加热水。

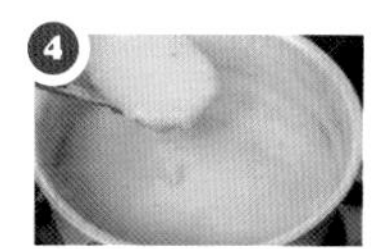

4 煮30~40分钟后，豆粒变透明，自然"开花"。最后要达到视觉和味觉都很圆润的浓汤状。

01

清淡&健康

南印度咖喱

咖喱鸡 [Chicken Curry]

挑战香辛料食谱，再现克拉拉邦味道

印度咖喱的典型代表

在印度，人们用肉做咖喱时，一般会使用羊肉或者鸡肉。尽管“咖喱鸡”在北印度也很普遍，但北印度会加入大量黄油和鲜奶油；与此相比，南印度则会发挥椰奶的作用，具有成菜清淡的特点。

烹制方法
见下页
→

食谱 05

鸡肉+番茄&洋葱，鲜味大融合

咖喱鸡

[Chicken Curry]

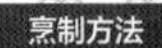

烹制方法

① 锅内放色拉油，烧热，放入香辛料整料（干红辣椒除外）。火候用大火。

② 芥末籽开始噼噼啪啪弹跳后，转小火，放入干红辣椒。芥末籽停止弹跳后，加入大蒜略炒，出香味后放入洋葱片，用大火炒。

③ 尽量保持大火翻炒，在此过程中注意避免焦煳。洋葱片略微带上茶色后，放入姜丝和青辣椒，炒至洋葱片变为褐色。

④ 转小火，加入香辛料粉料，快速搅拌。

⑤ 放入番茄片，搅拌。转大火，经过翻炒，番茄片不再成形，水分流出，用其将粘在锅底和锅边上的鲜味刮下来。

\ 要领 /

渗出油的糊状是美味的关键

步骤⑤中，炒至番茄片和洋葱片不成形，变为糊状，就会渗出油来。此油中既含有食材的鲜美，又与食材相分离，有助于形成美味。诀窍在于，秉持“炸”与“炒”的中间状态理念，按照轻轻转圈（搅拌）的感觉烹制。

准备工作

带骨鸡大腿剥掉鸡皮，切成大块。

材料

带骨鸡大腿……600 g
洋葱片……250 g
番茄片……250 g
大蒜……25 g
姜丝……25 g
青辣椒斜切小圈……1 个的量
椰奶……200 mL
色拉油……60 mL
盐……适量
开水……500 mL

★香辛料整料
小豆蔻……4 粒
锡兰肉桂……3 cm~4 cm 2 块
八角……1 个
干红辣椒……2 根
芥末籽……2 小匙

★香辛料粉料
芫荽……2 大匙
姜黄……1/2 小匙
辣椒粉……1.5 小匙
粗研黑胡椒……1/3 小匙

加入 1 小匙左右盐，如果有变焦迹象，将火调小，再翻炒一下，放入带骨鸡大腿肉。带骨鸡大腿肉的表面开始发白后，倒入开水。水量以没过带骨鸡大腿肉为准。

改大火煮开。开锅后转小火，捞出多余浮沫。确认咸淡，加入适量盐，盖上锅盖。

锅和锅盖之间冒出蒸汽后，转微火，焖 20 分钟左右。

拿掉锅盖，加入椰奶搅拌。加热至微微沸腾程度，调整咸淡，关火。

搭配咖喱，无上享受

使用香辛料做开胃小品

开胃小品 01

常见香辛料 奶香丰富 马沙拉奶茶

[Masala Chai]

材料

红茶……………茶包4袋的量
生姜………拇指首节大小1块
牛奶……………………400 mL
胡椒……………………………1撮
砂糖……………………………1/2杯

★香辛料整料
锡兰肉桂……………………1片
小豆蔻……………………1果荚

准备工作

1. 用手把锡兰肉桂掰断。
2. 用保鲜膜包起小豆蔻，用菜刀柄敲破果荚，破开种子。
3. 用保鲜膜包起生姜，用菜刀柄敲碎。
4. 用锅煮400 mL（2杯）开水（分量外）。

烹制方法

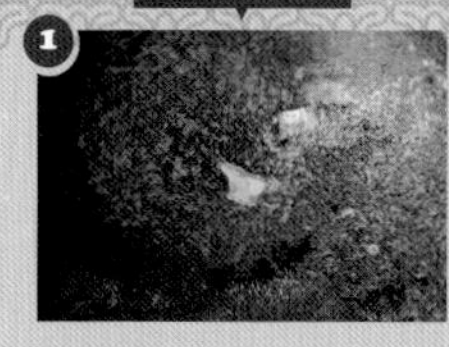

1 开水中放入红茶、锡兰肉桂、小豆蔻，煮1分钟。再加入牛奶、胡椒，加热。

2 即将开锅前放生姜。

3 开锅后转小火，煮20秒左右，注意勿溢锅。用细眼圆筛过滤，完成。饮用时依个人喜好加砂糖。

开胃小品 02

当啤酒的下酒菜也很不错！

花生马沙拉

[Peanuts Masala]

材料

黄油花生（咸味）……………100 g
洋葱碎………………………50 g
姜末…………………………50 g
青辣椒………………2 小匙左右
芫荽（叶）碎…………2 大满匙
柠檬汁……………………2 大匙
盐……………………………适量
砂糖………………………2 小匙

★香辛料粉料
孜然…………………………1 撮
辣椒粉…………1/4~1/2 小匙

※2大匙柠檬汁改成1大匙柠檬汁＋2大匙罗望子酱，砂糖改成黑糖，更富有印度风味。

※依个人喜好，将5~6片微咸薯片弄碎并在最后放入，轻轻搅拌也很可口。

烹制方法

所有材料放入盆内，一边想象，一边用手轻轻搅拌。

\ 要领 /

用手边搅拌，边想象整体味道融于一体的样子。用筷子或者菜夹则无法做出美味效果。

02

酸·甜·辣的
绝妙平衡
泰国咖喱

绿咖喱 [Green Curry]

泰国大厨奉献食谱，
再现正宗味道

原汁原味的本土味道 炎热季节的最佳咖喱菜品

泰式餐厅“泰兰”于1986年开业，兼营泰国特产食材的进口和销售。在“泰兰”，您可以在一派当地气息的氛围中，品尝到原汁原味的正宗味道，因为其并未为迎合日本人口味而进行改造。听说，除了日本人以外，也有很多回头客是住在日本的泰国人。

说起泰国菜，会令人产生酸、甜、辣韵味丰富，层次分明的感觉。这是深入洞悉香草、香辛料、蔬菜等每种烹饪用材料特点才能达到的境界。忽然之间，就会想吃——就是让人这么上瘾！

这次，我们请其传授了经典“绿咖喱”食谱，这道菜在该店也拥有粉丝无数。

知识讲解……

泰兰（THAILAND）

大厨蒙特里老师

东京都墨田区锦糸3-12-10
☎03-3626-3885
营业/11:30~14:00、17:00~23:00
（周六日、节假日不间断营业）
休息日/周一

※所介绍食谱为适合家常做法的创新烹制方法一例。

烹制方法
见下页

食谱 01

在泰国同样粉丝无数的正宗泰国咖喱

绿咖喱

[Green Curry]

材料

鸡肉	100 g	椰糖	15 g
红柿子椒	1个	味之素味精	1小匙
茄子	100 g	鱼露	15 mL
紫花罗勒（泰国罗勒）	适量	鸡骨汤	150 mL
绿咖喱酱	50 g	色拉油	适量
椰奶	200 mL		

烹制方法

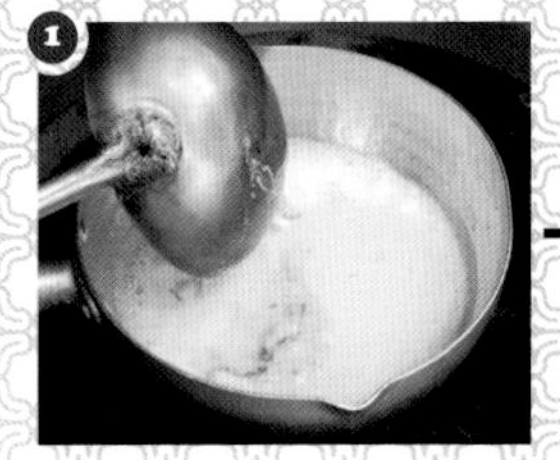

1 绿咖喱酱、椰奶、色拉油放入锅内，开中火。

2 搅拌后，放入鸡肉。

3 稍加搅拌后，用椰糖、味之素味精、鱼露调味。

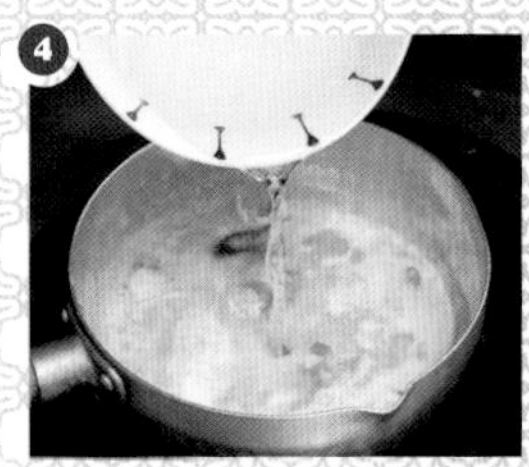

4 充分加热后，倒入鸡骨汤，转大火。

5 肉熟后，放入切成易于食用大小的红柿子椒、茄子。

6 煮2分钟左右，完成。将要起锅前，放入紫花罗勒。

\ 要领 /

大量使用香草，蔬菜满溢

泰国咖喱使用大量蔬菜。其中的经典——茄子，在泰国咖喱中存在感非常强。茄子皮硬，一般做法是去皮后放入。除此以外，还会使用香菜、柠檬草、罗勒等香味蔬菜。绿咖喱还有消除腥臭、调理内脏等效果。

制作绿咖喱
需备 香辛料&食材

除了在日本也很普通的食材以外，
也有许多食材需从特色食材店等处购买。
香草类最好尽量使用新鲜品。

椰奶

泰国咖喱味道甜美的秘密。除了能够缓和辣味外，还能增添醇厚感。

甲猜（Krachai，泰国沙姜）

姜科植物根茎，可去除鱼肉腥臭。有抗菌作用，亦被用于止咳。

红辣椒

决定咖喱的辛辣程度。在泰国，人们多使用一种名为“老鼠屎”的辣椒，个头小而辣。

鸡骨汤

把浓缩鸡骨鲜美的汤料用开水融化使用。是菜肴佐料的秘密法宝。

味之素味精

泰国也很普遍的鲜味调味料。很多餐馆和家庭用其调味（佐料）。

紫花罗勒

泰国罗勒。叶子比日本常见罗勒略小，香味更强。诀窍在于即将关火前放入。

咖喱酱

泰国咖喱一般使用成品咖喱酱制作。红咖喱和绿咖喱都会使用。

椰糖

从砂糖椰子的树汁中采集的砂糖。甘甜的芳香和深邃的味道能够提升菜肴口感。

鱼露

以日本鳀鱼为原料做的泰国鱼酱。风味独特，是泰国菜肴味道的决定要素。

绿咖喱精

咖喱酱中的绿咖喱专用品。底料为“老鼠屎（一种泰国辣椒）”和香草。

03

细煮慢炖
引出鲜美
欧式咖喱

欧式咖喱牛肉 [Beef Curry]

精心炖煮2小时，辣味清新优雅，令人倾倒

佐料所用日本食材和法式大餐技艺熠熠生辉

在法式大餐大师铃木正幸先生担任总厨师长的“神田老水手”餐厅，大厨伊藤环老师担纲烹制法国菜和日本菜，烹制咖喱长达20年之久。拿手菜品“特制咖喱牛肉”使用法式菜精华白汤打底，用咖喱块作为佐料。配料日本牛肉软嫩柔和，几乎入口即化。令人舒服惬意的辛辣余味酣畅舒爽，优雅迷人。“欧式咖喱一直到炖好为止才能决出胜负。只要用心炖煮，毫不马虎，味道自然就会呈现出深邃感。”

知识讲解……
神田老水手（KANDA LOUP DE MER）
伊藤环老师
东京都千代田区内神田2-14-3
☎03-5298-4390
营业/11:30~14:30（末次点单）、17:30~20:30（末次点单）（周六~20:00末次点单）
休息日/周日、节假日

※所介绍食谱为适合家常做法的创新烹制方法一例。

材料（4人份）

材料	用量
五花牛肉	400 g（腱子肉亦可）
双孢蘑菇	10朵
洋葱、西芹、胡萝卜碎	炒后合计200 g
姜末	50 g
咖喱粉	约30 g（本次C&B[①]和爱思必[②]红罐各用15 g）
红酒	200 mL
洋葱汤宝	20 g（清汤宝 or 白汤块亦可）
苹果酱	适量
水果酸甜酱	适量
番茄酱	适量
成品速溶咖喱块	适量
牛油	约20 g（黄油＋色拉油亦可）
无盐黄油	约20 g

★香辛料整料

材料	用量
月桂	1片

★香辛料粉料

材料	用量
格兰姆·马沙拉	约15 g
孜然	约15 g
芫荽	约15 g
花椒	约15 g

① 译注：C&B，英国克罗斯和布莱克威尔（Crosse&Blackwell）公司。
② 译注：爱思必，日本爱思必食品株式会社，有时简称“S&B”。

\ 要领 /

按照日本人口味搭配的日式食材

花椒的使用（图片前方）是关键。据说灵感来自于去除鳗鱼腥味的做法。使用日式食材，成菜咖喱符合日本人口味。

准备工作

1 洋葱、西芹、胡萝卜碎在锅中炒至不再出水。以开始粘锅底＝无水分为准。

\ 要领 /

一次多做点，放入袋中冷冻，下次做咖喱时很方便。

2 洋葱汤宝放入2 L水中做汤。

烹制方法

① 五花牛肉撒上足够的盐、胡椒（分量外），用平底锅烧热牛油，将五花牛肉煎至表面发焦，取出沥油。平底锅保持原样不动。

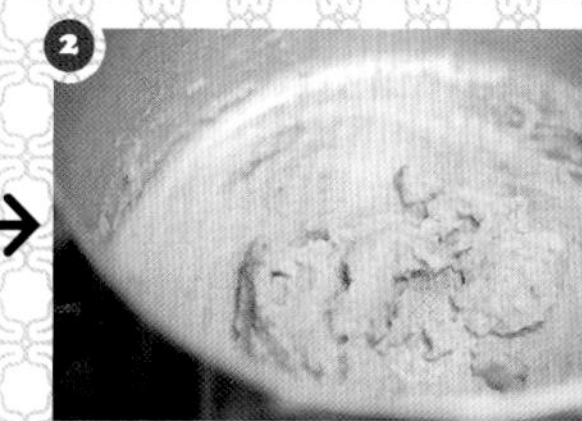

② 洋葱、西芹、胡萝卜碎变为糊状，不再出水后，关火，放入咖喱粉和香辛料粉料，搅拌到一起。

③ 煎过五花牛肉的平底锅内倒入红酒，炖至剩一半量左右。

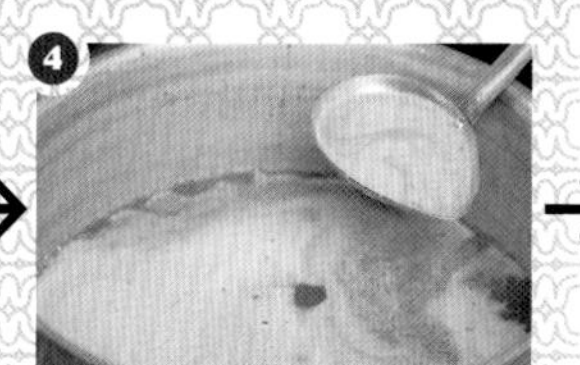

④ ②中放入洋葱汤宝、五花牛肉、月桂和③，开大火，煮至开锅。快速烧开锅，迅速撇去浮沫，然后转小火，约焖2小时（不盖锅盖，调整火势至略微冒泡程度）。

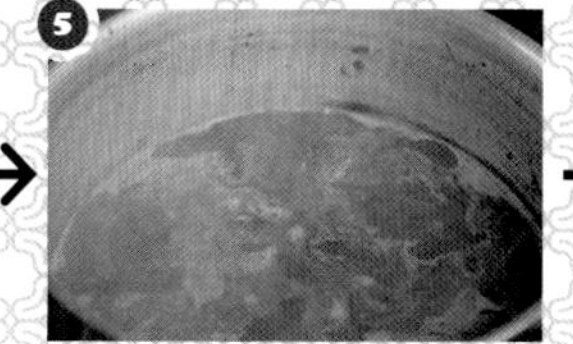

⑤ 用竹签插五花牛肉，如能顺利穿过，关火，放入苹果酱、水果酸甜酱、番茄酱、成品速溶咖喱块，搅拌均匀。成品速溶咖喱块完全融化后，开小火。

⑥ 用平底锅烧热无盐黄油，然后翻炒切成片的双孢蘑菇。微微炒上色后，撒盐、胡椒（分量外），略微炒一下后放入⑤内。

⑦ 用平底锅烧热牛油，炒姜末。边炒边晃动锅体，避免焦煳，炒出香味。变成图片所示颜色瞬间，放入⑤内。煮开锅后，稍顿片刻，起锅。

04

日本特有的咖喱文化

咖喱咖啡馆

微辣口味，男女老幼都喜爱

干咖喱 [Dry Curry]

甘甜浓郁，醇厚深远 充满令人怀念的美味气息

在“其仪托斯茶房”餐厅的咖喱中，老板清水敬生老师自行调配的芫荽、姜黄等 10 种香辛料（具体保密）是咖喱味道的制胜法宝。汤汁不多的干咖喱与黏乎乎的日本米也很搭配。令人怀念的柔和味道应该是源于混合蔬菜和葡萄干等食材的甜味吧？店内提供时会配温泉煮鸡蛋，裹着蛋黄吃起来美味无比。

知识讲解……

其仪托斯茶房（KIITOS CAFÉ）

清水敬生老师

东京都新宿区箪笥町25
☎03-5206-6657
营业/10:00~21:30（末次点单21:00）
休息日/每月的第1、3个周六

※所介绍食谱为适合家常做法的创新烹制方法一例。

材料

猪牛混合肉末（牛 7 ：猪 3）……500 g
混合蔬菜……500 g
洋葱碎……4 个的量
蒜泥……2 瓣的量
胡萝卜碎……5 根的量
香菇碎……4 朵的量
番茄（罐装）……1 听（番茄果泥亦可）
葡萄干……50 g
香油……适量
黄油……50 g
蚝油……适量
自制咖喱粉……适量
（芫荽、姜黄等香辛料依口味）
咖喱酱……100 g
杧果酸甜酱……50 g
砂糖……30 g
盐……适量
胡椒……适量

\ 要领 /

**既不辣得过分
又不过甜的秘密**

咖啡馆的客人形形色色。为了适合所有人的口味，放入葡萄干，可适度增加甜味。

烹制方法

1 锅内抹香油，放入洋葱碎、蒜泥，加入黄油，用小火仔细煸炒。

2 炒至充分火候后，放入猪牛混合肉末，用小火继续仔细翻炒。

3 炒至火候充分后，放入胡萝卜碎、香菇碎，小火继续翻炒。

4 炒至充分火候后，放入番茄、蚝油、葡萄干，小火继续翻炒。

5 炒至充分火候后，放入自制咖喱粉和咖喱酱，小火继续翻炒。

6 炒至充分火候后，加入混合蔬菜和杧果酸甜酱，小火翻炒。

7 最后用砂糖、盐、胡椒调味，完成。

05

露营时大显身手！

野外咖喱

咖喱浓汤

[Pot-au-feu Curry]

享受隔夜咖喱的美味！

知识讲解……

铃木旭老师

野外料理人，作家，除了担任野外活动讲师以外，亦有大量电视广播邀约工作。出版有《555个超简单野外料理食谱》《熏制&储存食品制作入门》（均为日本山与溪谷社出版）等书籍。

大量生姜，演绎清新舒爽的辣

“咖喱隔夜才好吃”这种想法源于“咖喱浓汤”这道菜。前一天，按人头分量，浓汤多做一倍。第 2 天，味道渗入配料，就会变成一道咖喱。使用保温烹饪工具，可省却烦琐工序，最适合野外食用。放入大量生姜也是铃木老师的独到做法。

烹制浓汤

浓汤材料（8人份）

鸡肉（带骨翅根）……8 个
香肠……中等大小 8 根
培根……200 g
土豆（五月皇后）……小个 8 个
胡萝卜……中等大小 2 根
大葱……2 根
洋葱……中等大小 2 个
大蒜……2~3 瓣
高汤颗粒……2 小匙
盐……1/2 小匙
橄榄油……3 大匙

★香辛料整料
丁香……8~10 粒
月桂……2 片

★香辛料粉料
黑胡椒……1 小匙

主要烹饪工具

荷兰灶
保温烹饪锅
双头灶具

浓汤烹制方法

1. 切成片的大蒜用橄榄油仔细煸炒。用小火，勿炒焦。
2. 用带有蒜香味的步骤 1 中的油炒鸡肉。
3. 放入香肠和切成薄片的培根。
4. 加入整个带皮土豆（用刷子仔细清洗，去掉芽）、切成易入口大小的胡萝卜、切成易入口大小的大葱、切成半月形的洋葱，继续翻炒。
5. 炒好的材料和香辛料整料放入保温烹饪锅内锅中，加水（分量外）至刚刚没过材料状态，加热。
6. 开锅后，把内锅从火上挪下来，放入保温烹饪锅主体（外锅），盖上锅盖，静置 2 小时。材料自身热量会继续烹制，无须管理火候。这样也能节约燃料。
7. 取出内锅，重新放到火上，用黑胡椒、高汤颗粒、盐调味，完成。

浓汤出锅

第 2 天 烹制咖喱

\ 要领 /

什么是阿尔法米？

大米蒸熟后干燥而成。只要放入开水（20 分钟），凉水（1 小时）煮，就能恢复米饭状态。除了野外露营、海外旅行外，阿尔法米也是非常重要的救灾物资。

材料（4人份）

第 1 天做的浓汤……取一半
蟹味菇……1 袋
生姜……大个 4 块
咖喱块或者咖喱汤宝……适量
[本次所用为“德里（DELHI）”餐厅的克什米尔咖喱]……2 袋
阿尔法米……4 人份

★香辛料粉料
姜黄……1/2 小匙左右

烹制方法

1 从保温烹饪锅中取出内锅。

→

2 将第 1 天做的浓汤重新加热至开锅。

建议！

保温烹饪机与热水瓶结构相同，可以不用火，利用自热烹制。在野外，既可以节约有限的燃料，而且由于无须长时间在边上看火，也可以利用该时间，全身心投入其他作业或者玩耍。

→

3 生姜一半磨成末，一半薄薄切成细丝。

→

4 先只放入切成细丝的生姜，姜末放好备用。

→

5 放入咖喱块（或者咖喱汤宝）和蟹味菇，开锅后稍顿片刻。

→

6 在阿尔法米中加入姜黄，充分搅拌后，加入定量开水（分量外），恢复米饭状态。

→

7 将要关火前，放入姜末，搅拌后完成。

铃木旭老师风格

享受野外咖喱的秘诀

咖喱是经典野外菜品，
我们向老师请教了能够更好地享受野外咖喱的要领。

生姜分两次放入，辣味就会变得清新可口

生姜使用方法是铃木老师的独到之处，几乎会令人怀疑他是不是把其当成了土豆。切细的生姜炖煮前加，姜末关火前放入。如果同时放入炖煮，费心调制的香味和辣味就会变淡。

讲究香味的香辛料在烹饪前研磨

尤其讲究使用其香味的香辛料要在即将烹饪前研磨。研磨机虽可用咖啡研磨机代替，但最好准备一台专用研磨机。若使用咖啡研磨机，磨过2~3次香辛料后，再用来做咖啡，咖啡就会有股香辛料的味道。P.120“冲绳咖喱”中所用小豆蔻取出黑色种子研磨，果皮去掉不用。

发挥可常温储存食材的作用

户外活动中，食材储存很重要。猪肉罐头、面筋、苦瓜等耐炎热冲绳食材适合常温保存，是野外料理的得力拍档。

05
露营时大显身手!
野外咖喱
冲绳咖喱
[Uchina Curry]
从研磨香辛料开始的高阶篇

主要烹饪工具

炒香辛料用平底锅
香辛料研磨机
（可用咖啡研磨机代替）

使用冲绳食材烹制，最适合夏季的菜！

这道菜从研磨香辛料并加以混合的步骤开始，食谱段位略高。“香辛料使用整料，即将烹饪前研磨是可口美味的关键”，铃木老师介绍说。本次使用了猪肉罐头、面筋等适宜常温保存的冲绳食材。苦瓜的苦味与手撕菠萝的圆润搭配非常巧妙。

材料（4人份）

- 猪肉（罐装）……………………小听 2 听
- 面筋……………………………………1 根
- 鸡蛋……………………………………3 个
- 苦瓜……………………………………1 根
- 手撕菠萝………………中等大小 1 个
- 洋葱碎……………………………大个 2 个
- 大蒜薄片…………………………小瓣 2 瓣
- 去皮整番茄（罐装）………………1 听
- 台湾香檬（扁实柠檬）汁……1 小匙
- 郁金…………………………小个 1/4 根
- 冲绳藠头泡菜…………………………少许
- 盐…………………………………1 小匙
- 胡椒（黑胡椒）……………………1 小匙
- 泡盛辣椒（冲绳调味料）……依口味
- 橄榄油………………………………8 大匙

★香辛料

- 多香果……………………………1 小匙
- 番椒………………………………1 小匙
- 小豆蔻……………………………1 小匙
- 孜然……………………………3~4 小匙
- 丁香………………………………2 小匙
- 锡兰肉桂…………………………1 小匙
- 芫荽………………………………2 小匙
- 姜黄………………………………1 小匙
- 肉豆蔻……………………………1 小匙
- 黑胡椒……………………………1 小匙

准备工作

1 如果使用香辛料整料，烹饪前用研磨机研磨。
2 面筋用水（分量外）泡开，控净水，浸入打散的鸡蛋液内（已放盐、胡椒）。

烹制方法

1 不放油，用平底锅干煸香辛料。颜色发生变化，发出香味后，马上从火上撤下来。注意：炒焦会发苦。这一步最关键！

2 用2大匙橄榄油炒大蒜薄片，加入洋葱碎，炒至变为金黄色。炒完后，放入香辛料。

3 放入去皮整番茄。希望收紧味道时，再放入台湾香檬汁和泡盛辣椒。

4 猪肉一边用手撕一边放入，这样味道容易渗入肉内。

5 用抹上2大匙橄榄油的平底锅，把吸满鸡蛋液的面筋煎得焦脆。

6 苦瓜去籽切成片，用剩下的橄榄油炸。

7 放入手撕菠萝（普通菠萝亦可）和煎好的面筋。为了保持良好的口感和味道，从这步开始基本不用炖煮。

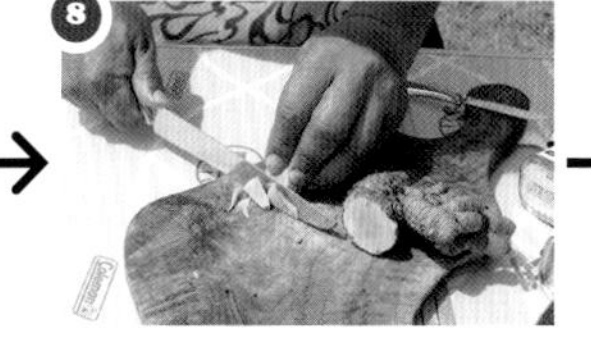

8 郁金切成略粗一些的丝。加入新鲜郁金香味和功效更高，但反过来，苦味和腥味也会更浓烈，因此要边尝味道边放。

9 搅拌郁金，煮开锅后稍顿。装盘，放上⑥，配上冲绳藠头泡菜上桌。配奥利恩啤酒食用，堪称无上享受！

专栏

用上它，高段位咖喱不再是梦！

使用正宗食材

**迷上手制咖喱之后，接下来，就是在家中挑战正宗味道！
这时候，食材也要精心讲究。
只要用上一种正宗食材，
普普通通的咖喱也会迈入正宗级别，令人刮目相看！**

采用正宗食材，让家庭咖喱迈入正宗级别！

香辛料、调味料和香草等材料繁复混杂，是代表印度各邦和东南亚独特风味的菜肴的最大特点。其味道充满刺激，而又深邃奥远，这也恰恰是印度菜和泰国菜的迷人之处。毋庸赘言，咖喱正是其中典型代表。若要制作正宗咖喱，决定其味道的香辛料当属必备品。除此以外，在其他食材上也精心讲究，深入追求正宗味道的做法同样值得称道。刚开始的时候，仅用鱼露、椰奶等可在超市轻松买到的食材即可。只要烹制时稍微放上一点，咖喱的味道就会大不相同。熟练之后，还可采用正宗蔬菜等材料，追求更高段位。

印度咖喱中的老面孔！

豆类

在印度，人们经常食用豆类咖喱。大部分使用去皮碾碎的豆仁（dal），这样容易煮烂。

鹰嘴豆（鸡豆）

日本较常见，但在印度属于高档食材，用于宴席等场合。含蛋白质和铁，营养价值很高。

木豆仁（Toor Dal）
（木豆碾碎）

与碾碎的鹰嘴豆非常相似的一种豆类，在南印度很普遍。一般去皮使用。

绿豆仁（Moong Dal）
（绿豆碾碎）

做粉丝用知名豆类材料。易消化。在印度，人们也会用它做粥等食物。图片为去皮后碾碎状态。

红腰豆（Rajma）

亦称红金时豆。这种食材在日本也很常见。在印度，它是旁遮普地区咖喱的代表性配料之一。

印度白豆仁（Urad Dal）
（黑吉豆碾碎）

有“豆中皇后”之称，粒小香浓。与香辛料一起用油炒热，香气格外突出。加工为糊状后有黏性。

马粟豆仁（Masoor Dal）
（扁豆碾碎）

欧洲和中东地区常见豆类。豆粒嚼劲十足，维生素B含量丰富。人们还会用其作汤品配料。

演绎出
复杂风味的

调味料

鱼露、椰奶是东南亚菜肴必备品，只要烹制时放入，味道就会让人“另眼相看”。

鱼露（Nampla）

泰国鱼酱。鱼酱在东南亚属普通调味料。泰国咖喱烹制过程中放入，或用来腌泡辣椒。

酥油（Ghee）

印度黄油。用水牛奶所做发酵黄油加热后，过滤制成的乳脂制品。加热过程中，会产生香喷喷的独特香气。

椰奶

在印度和东南亚，人们将其用于炖煮菜和甜品。做咖喱时，如果希望缓和香辛料的刺激，形成圆润口感，椰奶必不可少。

腰果

在印度，人们将其炒后加水调成糊状。印度北部和中部在烹制咖喱时添加，用于增加圆润和醇厚。

芥末油

芥末籽炸成的油，为印度和孟加拉地区经典调味料。具有风味劲辣刺激的特点，还可用于给印式泡菜（→P.143）增添风味。

咖喱的拍档也
要精心讲究

米饭和面粉

在印度北部和南部，不仅咖喱特点不同，主食也存在区别。北部为用小麦做的面食，南部一般烹煮口感松散的长粒米。

巴斯马蒂香米

在印度食用的印度香米（→P.126）中亦属最高级别，煮后会产生芳醇的香味。颜色比普通印度香米更透明。

茉莉花米

籼米的一种，在泰国所种稻米中等级最高。香味佳，又称香米。具有味道甘甜、黏度适中的特点。

阿塔面粉（Atta）

带胚芽的小麦干后磨成的全麦粉。做印度日常食品恰巴提薄饼（→P.130）必备。

熟练运用，
做高段位咖喱

泰国蔬菜

使用柠檬草等具有特有风味的香草等材料，在家中也能享受泰国味道。

“老鼠屎”辣椒

（Phrik Khi Nu）

在泰国辣椒中亦属个头小、辣味猛的品种。绿色比红色辣，小个比大个辣。绿咖喱的绿色源于“老鼠屎”辣椒的颜色。

青柠檬叶（Baimakrut）

箭叶橙的叶子。做绿咖喱和冬阴功汤（Tom Yum Goong）必备之物。日本很难买到新鲜品，一般为干叶或冷冻品。

红小辣椒

比“老鼠屎”个头更小，辣味尖锐。除了泰国以外，印度尼西亚等亚洲各国也有使用。辣味程度比猛辣更甚。

香菜（芫荽）

中国称“香菜”，英语中为“coriander”。在泰国咖喱中，人们多在烹制过程中，将其叶子部分作为香草撒在咖喱上面使用。根茎比叶子香味更强烈。

南姜（Kha）

生姜同类，原产于印度东部。做泰国咖喱和汤品时，希望增加清新舒爽等风味时非常有用。辣味程度比日本姜弱，有酸味。

甲猜（Krachai，泰国砂姜）

一种蔬菜，特点是香气、味道略带苦味，类似于生姜与蘘荷混合在一起的味道。是制作泰国咖喱酱等的必备品。

泰国茄子（Makua）

绿咖喱等泰国辣咖喱不能缺少泰国茄子。有苦味。除了作为咖喱配料使用以外，也有人生吃。

红洋葱（Hom Daeng）

泰国红色洋葱，直径2 cm~3 cm。辣味比普通洋葱轻。亦可作为沙拉和炒菜材料使用。

柠檬草

茎叶与柠檬相像，具有清新的香气。泰国咖喱必备香草，拍打后使用，这样容易出香味。

紫花罗勒（Bai Horapha）

甜罗勒的一种。叶子较普通罗勒小，香味更强一些。以香味清新见长，烹制咖喱时使用。

让摆上咖喱的餐桌更有气氛

印度凉配菜

在日常食用咖喱的国家，咖喱凉配菜的种类同样丰富多彩。快快品尝一下与日本大不相同的正宗味道吧！

豆饼（Papad）

用豆粉做的印度薄饼。酥脆的口感，恰到好处的辣味和咸味令人着迷。用来做啤酒的下酒菜也很合适。

杧果泡菜（Mango Pickle）

泡菜是印度的传统凉配菜（→P.143）。杧果泡菜是将青绿的硬杧果用香辛料和芥末油腌制而成。亦作咖喱佐料使用。

正宗印度米饭&面食详细盘点！

决定咖喱味道的名配

咖喱是否可口不仅取决于咖喱本身，一起食用的米饭和面食也会令其大不相同。需要参考印度正宗“吃法”，结合个人口味和咖喱种类，选择最佳搭配。

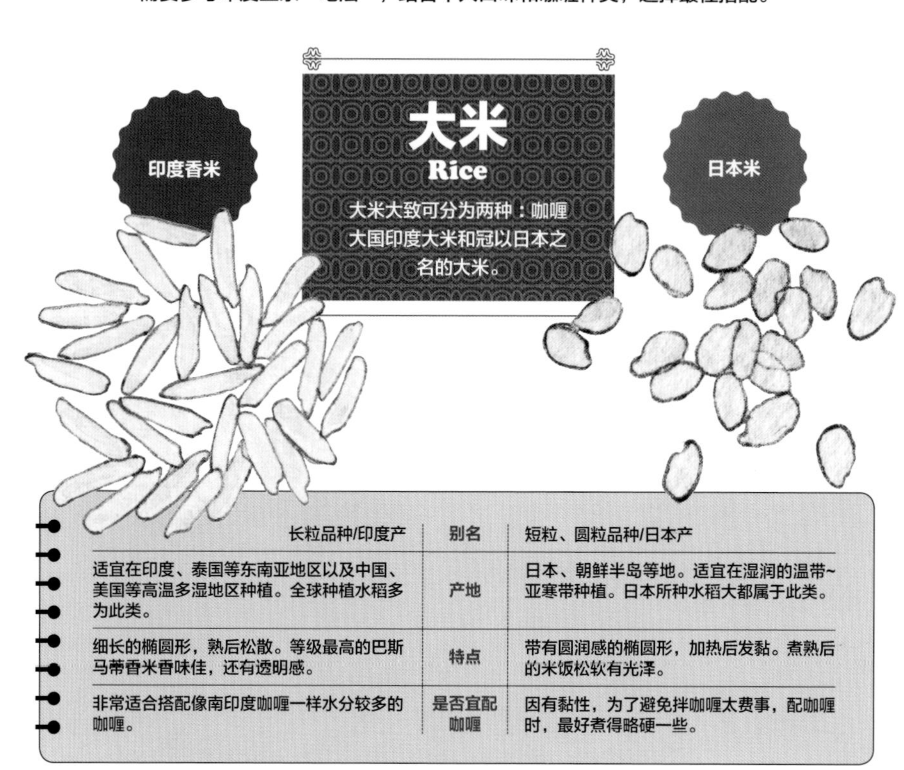

长粒品种/印度产	别名	短粒、圆粒品种/日本产
适宜在印度、泰国等东南亚地区以及中国、美国等高温多湿地区种植。全球种植水稻多为此类。	产地	日本、朝鲜半岛等地。适宜在湿润的温带~亚寒带种植。日本所种水稻大都属于此类。
细长的椭圆形，熟后松散。等级最高的巴斯马蒂香米香味佳，还有透明感。	特点	带有圆润感的椭圆形，加热后发黏。煮熟后的米饭松软有光泽。
非常适合搭配像南印度咖喱一样水分较多的咖喱。	是否宜配咖喱	因有黏性，为了避免拌咖喱太费事，配咖喱时，最好煮得略硬一些。

知识讲解……

渡边玲老师

Watanabe Akira，1987年在东京市印度餐厅老店开始烹饪生涯。前往印度30余次。2009年，开办专注香辛料主题的烹饪教室“南洋香辛料（SOUTHERN SPICE）”（→P.180）。

印度主食≠只有烤馕 不同地区主食不一样！

听说，在印度，使用名为“坦都里”的泥炉烤的馕饼与日本相同，基本是在餐馆吃，平时人们多食用恰巴提薄饼（→P.130）。

“烤馕并非主食。甚至有印度人来到日本后第一次吃烤馕（笑）”，渡边玲老师介绍说。

地区和宗教不同，主食也存在差别，除此以外，还有人会按照咖喱选配主食。

适合配咖喱的米饭食谱

南印度为稻米文化，在此奉上非常适合南印度咖喱的米饭食谱。
不管哪一款，只要拌起来就好，相当简单！

食谱 01

南印度柠檬米饭

柠檬香气清新，姜黄的黄色令人眼前一亮。

宜配咖喱

蔬菜咖喱、豆类咖喱

材料（3~4人份）

大米……………………2 杯（印度香米为佳）
青辣椒（纵向划开口）……2 根（狮子椒切小圈 4 根的量或柿子椒切丝 1 个的量亦可）
姜末……………………1 大匙
色拉油……………………1 大匙
盐……………………1/2 小匙余
柠檬汁……………………1 大匙

★香辛料整料
印度白豆仁（黑吉豆碾碎）……………………1 小匙
九里香叶……………………10 片（无亦可）
干红辣椒……………………2 根
芥末籽……………………1 小匙

★香辛料粉料
姜黄……………………1/2 小匙

准备工作

大米煮熟，软硬程度稍硬一些。

烹制方法

1. 平底锅或者中式炒锅内放色拉油，开中火，放入芥末籽。
2. 芥末籽发出噼噼啪啪的声音，开始弹跳后，减小火势，放入其他香辛料整料。
※注意，芥末籽会跳得很厉害。
3. 豆子稍微带上颜色后，放入青辣椒和姜末，炒出香气。再放入姜黄，然后马上关火。
要领！ 姜黄少许即会上色鲜艳。如果放入过多，会发苦。
4. 锅中物全部倒入米饭内，再加入柠檬汁和盐。
5. 用饭勺以竖切形式搅拌米饭，直到米饭整体裹上鲜艳的姜黄颜色，完成。

食谱 02

南印度番茄米饭

番茄甜美出众，活色生香，令人惊艳。

宜配咖喱

番茄底料咖喱

材料（3~4人份）

大米……………………………………2 杯
洋葱片……………………… 1/2 个的量
新鲜番茄切粗丝…… 2 杯（2 个的量）
黄油……………………………… 10 g
（色拉油 1 大匙左右或橄榄油 1 大匙左右亦可）
盐………………………… 1/2 小匙余

★香辛料整料
印度白豆仁（黑吉豆碾碎）…… 1 小匙
九里香叶…………… 10 片（无亦可）
干红辣椒………………………… 2 根
芥末籽………………………… 1 小匙

★香辛料粉料
番椒………………………… 1/4 小匙
姜黄………………………… 1/4 小匙

准备工作

大米煮熟，软硬程度稍硬一些。

烹制方法

1 平底锅或者中式炒锅内放黄油或色拉油，开中火，放入芥末籽。
2 芥末籽发出噼噼啪啪的声音，开始弹跳后，减小火势，放入除九里香叶外的其他香辛料整料。
※ 注意，芥末籽会跳得很厉害。
3 印度白豆仁稍微带上颜色后，放入洋葱片和九里香叶。
4 炒至洋葱片变透明后，放入新鲜番茄。
5 放入香辛料粉料和盐，快速熬至用量减半。
要领！新鲜番茄只管大胆多用，煮得越透，味道越鲜。
6 关火，放入米饭，充分搅拌。
※ 非炒饭，勿炒。
7 确认味道咸淡，完成。

食谱 03

南印度孜然米饭

粗研黑胡椒香气袭人，
风味馥郁，具有冲击力。

宜配咖喱

劲味咖喱、肉类咖喱

材料（3~4人份）

大米……2 杯
盐……1/2 小匙余
黄油或者印度酥油……10 g（依口味加减）

★香辛料整料
孜然……1 小匙

★香辛料粉料
大粒粗研黑胡椒……1 小匙

准备工作

大米常规煮熟。

烹制方法

1 中式炒锅或者略大平底锅内放黄油（或者印度酥油），开略弱中火。
2 放入孜然，稍微加热。
要领！ 火候勿过度。如果焦煳，香辛料的风味就会悉数断送。
3 孜然颜色变深，发出好闻的香味后，关火。
要领！ 通过颜色和香味判断香辛料的火候。
4 放入米饭、盐和大粒粗研黑胡椒，拌匀。
要领！ 黑胡椒粗研为不成粒程度，香味和口感更为馥郁。如果研磨过细，辛辣会盖过香味。
5 整体拌匀后，完成。亦可按个人喜好，放入碎切的香菜（分量外）。

面食
Bread
搭配咖喱的面食
并非只有烤馕！
正宗面食种类丰富。
精制粉
巴图拉
（Bhatura）
油炸面饼
烤馕面坯油炸而成。大小较恰巴提薄饼油炸成的“普里”饼大，具有口感劲道的特点。在北印度，人们将其与鸡豆咖喱等一起食用。
烤馕（Naan）
精制面粉（印度语发音为“maida”）中放入鸡蛋和油，加水揉，用泡打粉或者小苏打半发酵。发酵后面坯贴在名为“坦都里”的筒状泥炉内侧烤制。在印度也是到餐馆或者买来吃的样子。
全麦粉
罗提（Roti）烤饼
烤厚“恰巴提”的感觉。用铁板或者平底锅煎称“塔瓦罗提（tawa roti）”，用泥炉烤称“坦都里罗提（tandoor roti）”。“罗提”一词也可表示面食类。
恰巴提
（Chapati）薄饼
全麦粉（印度语发音为“atta”）、盐、水揉在一起做成面坯，不发酵，摊薄烤熟。基本不用油。家中也常吃。
帕拉塔
（Paratha）
煎饼
“恰巴提”面坯摊开用油揉，像做羊角面包或者奶油千层酥一样，把摊薄的面皮叠在一起烤熟。也有把蔬菜摊平，夹到面坯间烤的做法。
普里
（Puri）
油炸饼
“恰巴提”面坯油炸而成。刚炸出来时，像气球一样鼓起。比用烤馕面坯炸的“巴图拉”小。

平底锅烙 仿 烤馕

烤馕原本应该使用天然酵母，在泥炉中烤制。在家中，可尝试用酵母粉和平底锅烙烤馕！

材料（2张饼的量）

高筋粉…… 150 g（1.5 杯略少一点）
盐…………………（1 小匙略少一点）
酵母粉…………………………… 3 g
砂糖…………………………… 1 大匙
40℃温开水 ……………………1/2 杯
色拉油…………………………… 1 大匙

准备面团

1 高筋粉放入盆中，加盐。
2 酵母粉和砂糖放入另一容器内，加 40℃温开水搅拌。
3 2 和色拉油放入 1 内，用筷子等工具搅拌。
4 整体和好后，用手用力揉，直到面团变光滑。
5 揉好后，捏成球状，在表面薄薄抹上一层色拉油（分量外），盆上蒙保鲜膜，醒 1 小时。发酵后，面团膨胀。
6 轻轻重新揉胀大的面团，挤出气泡，重新捏成球形，在表面抹上色拉油（分量外），再次蒙上保鲜膜。
7 放置 15 分钟左右，面团准备工作完成。

面团完工！

擀面坯方式与烙饼方式

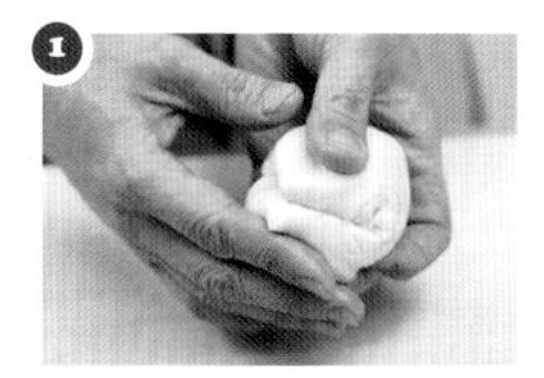

1 面团分成2块。分开后的面坯折成2层叠起来。

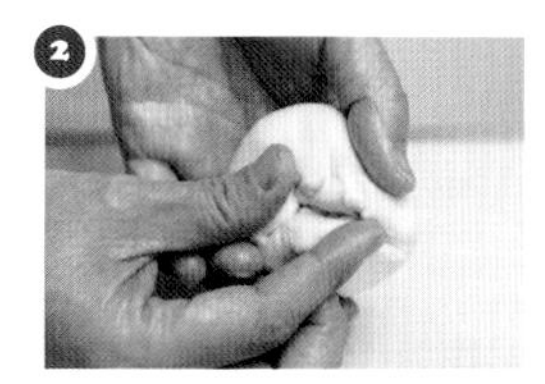

2 折叠层的合拢部位（肚脐）仔细收拢合起（若非如此，擀开时面坯会破裂）。

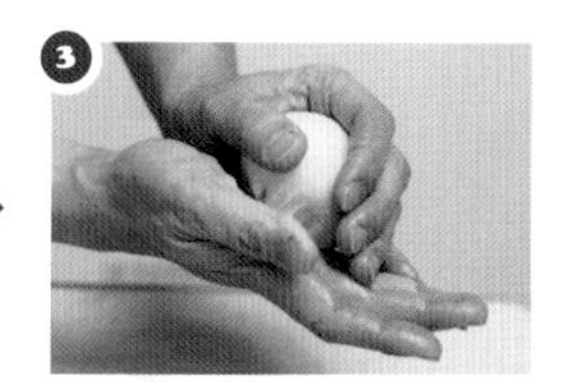

3 用手心像团丸子一样，把面坯团成球状。团面时，肚脐部位要始终朝下。

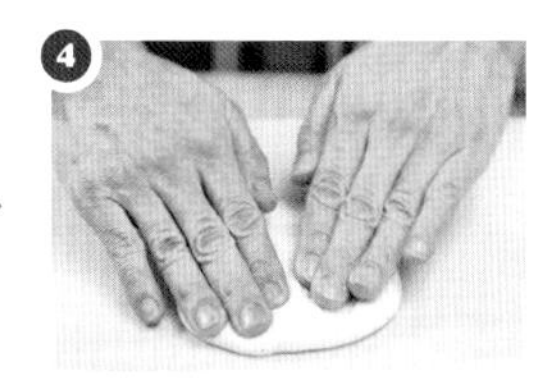

4 擀平至手掌大小。
※ 如果抹有色拉油，擀开时大多无须扑粉。

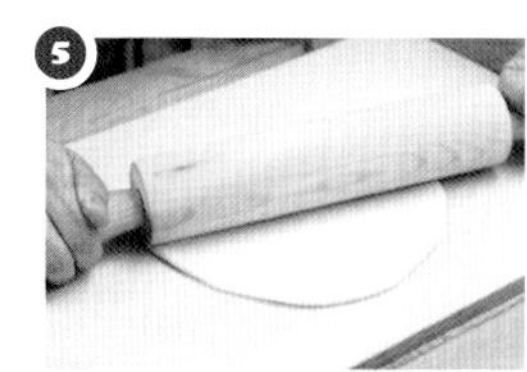

5 面坯放到面板上，用擀面杖擀成直径 15 cm左右的圆形（肚脐部位始终朝下。面皮不翻个儿）。

6 捏住一头轻轻拉抻，拉成类似烤馕的水滴形状。

7 放到用略弱中火烧热的平底锅内，稍微烙上颜色后，翻个儿。可以不抹油。

8 两面烙得略带焦黄色后，用菜夹等工具夹住，放在转成中火的煤气灶火焰上方，单面各烤3秒左右。

烤馕出锅！

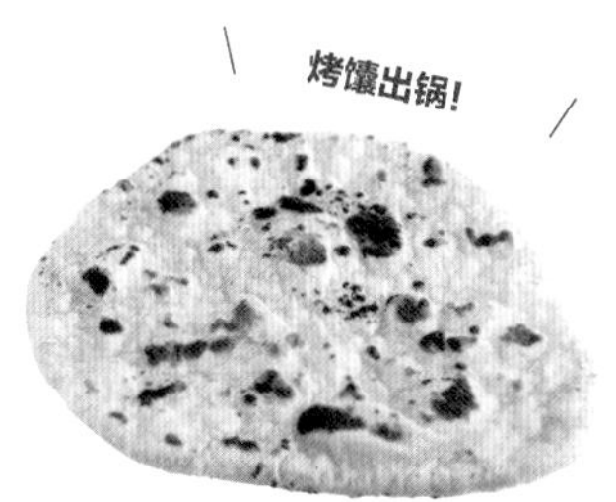

私家咖喱格调升级！

自制凉配菜

搭配自己喜欢的凉配菜，私家咖喱乐趣倍增！
食谱由烹饪研究师倾情推荐。

知识讲解……

滨田阳子老师

Hamada Youko，杂志与网络食谱推荐者、电视广播节目嘉宾、商品开发、研讨会讲师……活跃于众多领域的烹饪研究师、营养师。还在个人开办的“歌迪工作室（Studio Coody）”中主持儿童烹饪小讲堂。

食谱 01

说起咖喱，还是得有它！
经典人气凉配菜

藠头

材料

带土藠头…………………… 1 kg
干红辣椒…………………… 1~2 根

A
水…………………………… 800 mL
盐……………………………180 g

B
米醋………………………… 400 mL
砂糖…………………………250 g
水…………………………… 150 mL

烹制方法

1 用流水挨个儿冲洗藠头，洗掉泥土，切掉上部和根茎多余部分。
2 A 中的水和盐混合溶化，浸泡 1，放置 3 天。
3 捞到箩筐内，用流水仔细冲洗，再用饮用水浸泡 1 天，去掉咸味，水量刚刚没过藠头即可。
4 3 控掉水分，放到烧开的热水中焯 5 秒，马上捞到箩筐或托盘内，用风扇吹（用扇子亦可）凉。
5 锅内放入 B，开火，溶化砂糖，然后将其冷却。
6 切成小块的干红辣椒拌到 5 中。
7 藠头放入经煮沸消毒的密闭容器，缓缓倒入 6。1 个月后即可食用。

苹果+白菜沙拉
口感无上美妙

材料

白菜…………………………200 g
苹果………………………… 1/4 个
盐（揉菜用）…………… 1/2 小匙
柠檬汁…………………… 1/2 小匙

A
特级初榨橄榄油…………3 大匙
醋………………………… 1.5 大匙
盐………………………… 1/4 小匙
砂糖………………………… 少许
胡椒………………………… 少许

烹制方法

1 白菜切丝，撒上盐，轻轻揉，静置 5 分钟后，扣到箩筐内。用流水清洗至剩余少许盐分程度，挤掉水分。
2 苹果切丝，洒上柠檬汁。
3 材料 A 混合起来，拌 1 和 2。

食谱 02

苹果配咖喱珠联璧合！
口感清新脆爽，好吃得停不下筷子

白菜苹果沙拉

食谱 03

罗勒清新爽口，圣女果酸甜迷人，作为用餐间隙的小食，再合适不过

罗勒风味醋浸圣女果

材料

圣女果……………………… 12 个
干罗勒………………… 1/4 小匙
粗研黑胡椒………………… 少许

A
白葡萄酒醋………………50 mL
水…………………………50 mL
砂糖…………………………3 大匙
盐……………………………1 捏

烹制方法

1 圣女果去蒂，用牙签插入果蒂部位，开个小口。
2 锅内放 A 开火，开锅前关火，仔细搅拌。
3 趁 2 尚热，拌入干罗勒和粗研黑胡椒，将 1 浸泡 3 小时以上。

食谱 04

香喷喷的蔬菜配上沙司，味道不输咖喱

亚洲风葱拌西芹

材料

葱……………………… 100 g
西芹…………………… 100 g
盐（揉菜用）………… 1/2 小匙

A
甜辣椒酱……………… 4 大匙
柠檬汁………………… 1 小匙
酱油…………………… 1/2 小匙

烹制方法

1 葱斜切成 5 mm 宽粗丝，撒上盐，轻轻揉 10 分钟后静置，然后扣到箩筐中，用流水洗掉盐分，挤掉水分。
2 西芹去筋，切丝。
3 A 用碗混合起来，拌 1 和 2。

胡萝卜丝+果脯，营养满分的组合

水果渍胡萝卜沙拉

材料

胡萝卜……小个 1 根
杧果干……1 片
梅干……1 个

A
特级初榨橄榄油……2 大匙
白葡萄酒醋……1 大匙
盐……少许　胡椒……少许
砂糖……1 撮

烹制方法

1 用切丝器把胡萝卜切成细丝。
2 杧果干切成 5 cm 宽，梅干切小块。
3 A 用碗混合起来，放入 1 和 2，揉至变软。

食谱 06

芥末粒带来微微的刺激，
脆爽的口感也是一种享受

芥末腌渍风味藕片紫洋葱

材料

莲藕………………… 150 g
紫洋葱……………… 1/2 个
特级初榨橄榄油… 2 大匙
大蒜…………………… 1 瓣

A
水……………………80 mL
醋…………………… 5 大匙
芥末粒…………… 2 小匙
砂糖……………… 1 小匙
盐………………… 1/2 小匙
月桂…………………… 1 片
胡椒…………………… 少许

烹制方法

1 莲藕去皮，切成薄圆片，用水冲洗。
2 紫洋葱切丝，大蒜用刀背拍扁。
3 用加有醋（分量外）的热开水焯藕片，藕片变透明后，扣入箩筐内控水。
4 锅内放特级初榨橄榄油和大蒜，用小火烧热，直到大蒜发出香味。
5 A 混合起来，放入 4 内，煮开锅后稍顿。
6 藕片、紫洋葱盛到方平盘（或者耐热容器）中，从上方浇上 5。
7 散去余热后，在冰箱内放 1~2 小时。

食谱 07

运用梅干自然的酸味，
做法简单又营养

梅渍鲜茄

梅子香味扑鼻，
味道鲜美！
配米饭也不错

材料

茄子……………………1 根
（120 g 左右）
梅干………………… 2~3 个
（依大小调整）
盐…………………… 1/2 大匙

烹制方法

1 茄子切薄圆片。
2 用 200 mL 水（分量外）将盐溶化并搅拌，将 1 腌 20 分钟。
3 2 扣入箩筐内（勿用水冲洗），挤掉水分。
4 梅干肉取出果核，用菜刀轻轻拍烂，拌到 3 内。

食谱 08

三色椒娇美可人，
亮丽又营养

巴旦木拌柿子椒

材料

青椒……………………2 个
黄椒……………………1 个
橘色彩椒………………1 个
巴旦木…………………8 粒
橄榄油……………1 大匙
巴旦木粉…………2 大匙
盐…………………… 适量

烹制方法

1 青椒、黄椒、橘色彩椒对半切成 5 mm 宽左右的条。
2 橄榄油用平底锅烧热，翻炒 1。
3 熟后取出，散去余热，加入巴旦木粉和盐调味。
4 3 盛入盘中，从上方撒上粗略研碎的巴旦木。

食谱 09

由于醋的作用，噎人的蛋黄
变得清新爽口

咖喱风味醋腌鹌鹑蛋

材料

鹌鹑蛋（水煮）…………… 12 枚

A
红葡萄酒醋……………… 3 大匙
水………………………… 3 大匙
砂糖……………………… 3 大匙
月桂………………………… 1 片
咖喱粉…………………… 1 小匙

烹制方法

1 去皮鹌鹑蛋上切 2~3 个小口。
2 锅中放 A 开火，即将开锅前关火，放入 1，静置半天以上。

食谱 10

风味浓郁的刺山柑＆甜美的芦笋，
充满力量的组合

芦笋沙拉配刺山柑

材料

芦笋………………………6 根
刺山柑…………………2 大匙

A
特级初榨橄榄油………2 小匙
白葡萄酒醋……………2 小匙

烹制方法

1 芦笋下端切掉 3 cm 左右，斜切成薄片，用盐水（分量外）焯。
2 刺山柑用刀仔细拍打。
3 A 和 2 合到一起，然后拌入 1。

生菜浅腌，
与咖喱居然很相配

食谱11 浅腌风味生菜沙拉

材料

生菜…………………………… 1/2 个
盐……………………………… 1 小匙
煮汤用海带………… 2 cm 大小方块
酢橘……………………………… 2 个
（1/4 个柠檬亦可）

烹制方法

1. 生菜切成合适大小，洗净，扣入箩筐内控水。
2. 1 放入锦纶袋，撒盐，晃动袋子，使所有生菜都沾上盐。
3. 变软后，放入煮汤用海带，从袋子外侧揉搓。
4. 腌出水分后，扎紧袋口，尽量使其密闭。
5. 放置 5~6 小时（一晚亦可），就会腌出很多水，打开袋口，挤入酢橘（或者柠檬）汁。

奇妙搭配，
呈现一道美味绝伦
的飨宴

马苏里拉奶酪丝毫没有膻味，
浇上酱汁，微微呈现日本情调

食谱12 紫苏酱拌番茄&马苏里拉奶酪

材料

马苏里拉奶酪……………… 100 g
番茄…………………… 小个 1 个
青紫苏叶…………………… 4 片
调和味噌酱………………… 20 g
砂糖…………………… 1~2 撮
香油……………………… 1 小匙

烹制方法

1. 马苏里拉奶酪切成 1.5 cm 方块。番茄按 10~12 等分切成半月形。青紫苏叶粗粗切碎。
2. 马苏里拉奶酪和调和味噌酱拌到一起。
3. 2 中加入砂糖、香油搅拌，再放入番茄和青紫苏叶，稍微一拌。

口感清新脆爽，
拿起筷子准没错!

黄瓜甜椒泡菜

材料

黄瓜……………………………2 根
甜椒（红或黄）………………1 个

A
月桂……………………………1 片
红辣椒……………… 1 个（去籽）
醋………………………… 150 mL
水…………………………… 75 mL
砂糖…………………………4 大匙
盐……………………… 2/3 小匙
粗研胡椒…………………… 少许

烹制方法

1 黄瓜和甜椒切成一口大小。
2 A 混到一起用锅煮开，稍顿片刻，关火，盛到耐热容器内，加入 1。
3 静置半天以上，使味道相互融合。

食谱
14

芝麻香味饱满，
充分突出西兰花的甘甜

芝麻醋西兰花

材料

西兰花花头部分……… 100 g
西兰花花茎……… 净重 80 g
（约 1 株量）

A
醋……………………… 4 大匙
砂糖…………………… 3 大匙
盐………………………… 1 撮
焙煎芝麻碎………… 2 大匙

烹制方法

1 西兰花花头部分切成小块，西兰花花茎把周围细茎刮掉，剩余部分切条。
2 A 用碗混合起来。
3 1 用热盐水焯（分量外），然后捞到箩筐内，快速控一下水分（勿挤压）。趁热浸入 2 内，静置，直到余热散尽。

食谱 15

做法出乎意料的简单，
咖喱凉配菜的王道一品

速成福神渍腌菜

材料

黄瓜··········1 根
茄子··········1 根
萝卜······· 100 g
盐·········2 小匙

A
砂糖·······4 大匙
甜料酒····4 大匙
酱油·······3 大匙
清酒·······3 大匙
醋·········2 小匙

烹制方法

1 黄瓜切成半月形薄片，茄子切成扇形薄片。萝卜先切成薄圈，然后切成 1.5 cm 的丁。
2 1 放入碗内，撒盐，轻轻揉搓后，压上重物，静置 3~4 小时。
3 2 捞到箩筐中（勿冲洗），挤掉水分，与 A 一起放入锅内，开火。
4 开锅后，马上关火，倒入耐热容器内。
5 散去余热后，放在冰箱保存。2~5 日后即可食用。

食谱 16

熟后酸甜紧敛有致，
做甜点很不错

煎菠萝

材料

菠萝（罐装）···········4 片
黄油······················10 g

A
菠萝汁················80 mL
酱油····················20 mL
砂糖····················1 大匙
醋·······················1 大匙
姜汁················· 1/2 小匙
盐························少许

烹制方法

1 A 混合起来，将菠萝腌 30 分钟。
2 平底锅烧热黄油，放入菠萝，用小火煎至菠萝两面微微变色。

食谱 17

日式酒吧寻常见，
一道经典吃不厌

脆爽咸甘蓝

材料

甘蓝················· 1/4 个
（去根后约 150 g）

A
香油················2 大匙
盐················· 1/3 小匙
蒜泥·········· 1/2 瓣的量
柠檬汁·········· 1/2 小匙
焙煎白芝麻········· 适量

烹制方法

1 甘蓝用手撕成方便入口大小。
2 A 用碗混合起来，放入 1，快速一拌。

食谱 **18**

芝麻的香味与口感
刺激食欲，无比惬意

小清新洋葱配果粒

材料

洋葱……………………………1个
枸杞…………………………15粒
焙煎黑芝麻…………………1大匙

A
日式橙醋…………………$1\frac{1}{3}$大匙
香油…………………………2小匙

烹制方法

1. 洋葱切成薄片，用开水（分量外）快速焯一下。
2. 枸杞表面擦净。
3. A混合起来，与仔细挤掉水分的 1 和 2 以及焙煎黑芝麻拌到一起。

黑芝麻与香油
的双重冲击力，
撼动味蕾

食谱 **19**

甘蓝鲜美在前，
继以凛冽的黑胡椒风味

德国酸菜风味醋汁炖甘蓝

材料

甘蓝…………………… 200 g
（去掉菜根和坚硬部位）
橄榄油………………1大匙

A
白葡萄酒醋……… 3~4大匙
砂糖……………… 2~3大匙
盐…………………………1撮
黑胡椒……………………2粒
月桂………………………1片

烹制方法

1. 甘蓝切成5 mm宽。
2. 平底锅烧热橄榄油，煸炒 1。
3. 甘蓝变软后，加入A炖煮，持续搅拌，直到水分挥发完毕。

材料

越瓜…………… 净重 170 g
（去皮和籽后约 1 根的量）
柠檬……………………1/2 个
盐………… 1 小匙略少一点

烹制方法

1 越瓜去皮和籽，切成 3 mm 厚的半月形。
2 柠檬去皮，按 3 mm 厚切圈。
3 1 放入碗中，撒盐，轻轻揉搓。
4 3 中加入 2，略微一拌，倒入锦纶袋内。扎紧袋口，防止空气进入，放在冰箱中腌 4 小时以上。

食谱 20

柠檬汁味道清新，
突出瓜的甜味

柠檬渍越瓜

酸味轻浅，令人入迷！
也是下酒的好伙伴！

食谱 21

简单却又口感出众，
充分享受食材本身的味道

巴萨米克醋腌西葫芦茄子沙拉

材料

茄子…………… 小个 2 根
西葫芦………… 小个 2 根
洋葱…………………… 20 g
特级初榨橄榄油…… 适量
盐……………………… 少许
粗研黑胡椒………… 少许

A
色拉油………………3 大匙
巴萨米克醋……… 1.5 大匙
蜂蜜………………… 1/2 小匙
蒜泥………………………少许
盐…………………………少许

烹制方法

1 洋葱切碎，放在水中泡 5 分钟后，扣入箩筐中，挤掉水分。
2 茄子和西葫芦按 1 cm 厚切圈，撒上盐和粗研黑胡椒。
3 特级初榨橄榄油用平底锅烧热，小火双面煎 2。
4 3 装盘，撒上拌到一起的 1 和 A。

材料

大蒜……………………………12 瓣
橄榄油…………………………适量
盐………………………………少许
青海苔…………………………适量

烹制方法

1 大蒜剥皮。
2 锅内放橄榄油烧热（没过大蒜一半高度的量），放入 1，低温慢慢炸至表面微微变为褐色。
3 2 控掉油，撒上盐和青海苔。

食谱 22

撒上海苔的炸蒜头
喷香诱人，挑逗味蕾

海苔风味炸蒜头

食谱 23

黏性成分补益元气！
独特的脆爽口感同样很讨喜

紫苏拌山药

材料

山药……净重 150 g（去皮）
紫苏粉…………………2 小匙
生抽……………………1 小匙

烹制方法

1 山药切成 5 mm 厚的扇形。
2 1 中撒上紫苏粉和生抽，搅拌。

食谱 24

黄油与砂糖堪称黄金搭配，
衬托出地瓜的甜美

黄油白糖金地瓜

甜蜜蜜、香喷喷，
口感滑润美妙，
当零食也不错！

材料

地瓜…………180 g
黄油………… 15 g
细砂糖…………8 g
油炸用油…… 适量

烹制方法

1 地瓜切成 1 cm 大小方块，不裹面，用 160℃的油炸用油直接炸。
2 1 控油后，趁热放入碗中，溶化黄油并搅拌，然后撒上细砂糖搅拌。

食谱 25

鸡蛋醇香，沙拉酱浓厚，
风味馥郁&口感浓醇

鸡蛋菜花沙拉

材料

菜花…………………1/2 朵
鸡蛋……………………1 个
巴旦木片………………适量
香芹碎（依口味）……适量

A
沙拉酱………………1 大匙
纯酸奶…………… 1.5 大匙
盐………………………少许
胡椒……………………少许

烹制方法

1. 菜花分成小朵，用盐水焯（分量外），扣到箩筐中。
2. 鸡蛋煮熟，粗粗切碎。
3. A 用碗混合起来，放入 1 和 2，快速一拌。
4. 撒上巴旦木片，并依个人口味，撒上香芹碎。

正宗凉配菜

以下为印度正宗凉配菜介绍。
与福神渍腌菜、藠头等日本经典凉配菜风味迥异!

印式泡菜（Pickle）

名字发音与欧美的“pickles（腌菜）”相似，但完全不是一回事。印式泡菜是将红辣椒、香辛料等材料一起油腌而成。香辛料风味浓郁，多辛辣。可长期保存，也是常见的储存食品。

杧果泡菜

印度传统凉配菜，系将颜色发青的硬杧果用香辛料和芥末油腌制而成。也有人将其用作咖喱佐料。

印度泡菜（Achaar）

多指紫洋葱囫囵个儿用醋腌制的泡菜。有的地区也把“pickle”叫作“achaar”。除了洋葱以外，也有用其他蔬菜和水果做成的“achaar”。

酸甜酱（Chatni）

杧果等水果和蔬菜与香辛料等材料一起磨碎、炒炖做成的糊状调味料。除了做凉配菜外，还可用恰巴提薄饼等面食蘸食。

优酪乳沙拉（Raita）

印度风味酸奶沙拉。蔬菜等食材用酸奶拌后，用香辛料增添风味而成。风味清新酸爽，进食辣菜时，中间歇气儿吃最为适合。还可与米饭和恰巴提薄饼一起食用。

全部使用中辣商品比较！

速溶咖喱块深考！

厨艺研究师滨田美里老师深居小巷，潜心深入研究人气速溶咖喱块，“香、甜、稠、辣”，如何评价？

※咖喱块和水均统一使用相同分量评价。

好侍食品

❶ 百梦多咖喱

因苹果和蜂蜜之故，甜味大，口感圆润。辣味几乎感觉不到，香味也较淡。

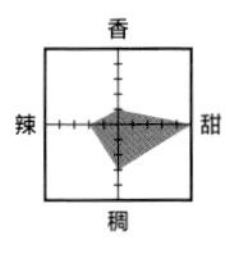

宜配食材

猪肉、土豆

好侍食品

❷ 爪哇咖喱

酥麻辣感，虽辣犹甜，不会令人强烈感觉只有辣味。

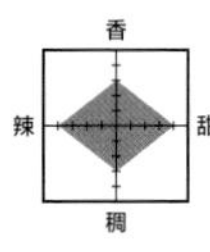

宜配食材

羊肉、猪肉、牛肉、胡萝卜、茄子

好侍食品

❸ 浓厚香味咖喱（Kokumaro Curry）

如名字所示，炒洋葱呈现出醇厚口感，属于带有浓稠感的圆润。辣度也刚刚好。

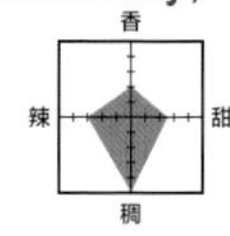

宜配食材

菠菜、洋葱、牛肉、菌菇

好侍食品

❹ 浓厚香味特级咖喱（Kokumaro Curry Special）

❸的甜香味进一步升级版。加入所附香辛料，辛辣增加，味道更深邃。

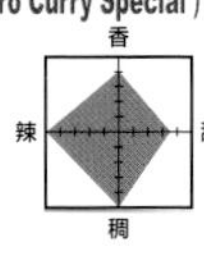

宜配食材

猪肉、鱼虾贝类、鸡肉

好侍食品

❺ 海之幸咖喱

番茄的清新与甘甜使之非常容易入口。辣味不强，香辛料和香草很有效果。

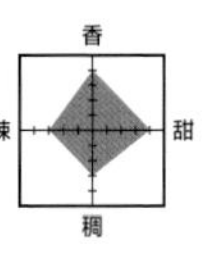

宜配食材

鱼虾贝类、鸡肉、茄子

好侍食品

❻ 泽咖喱（The Currry）

没有过甜也没有过辣，无令人不适之感。辣味属于徐徐弥漫型。

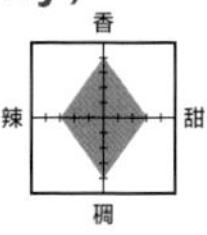

宜配食材

牛肉、土豆、洋葱

爱思必食品

❼ 黄金咖喱（Golden Curry）

香味、浓稠度、甘甜、辛辣搭配平衡，无一不恰到好处。与多种食材似乎都很容易搭配。

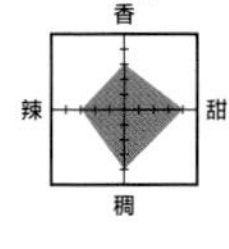

宜配食材

洋葱、乌冬面

爱思必食品

❽ 特乐口咖喱

甜味大，无不适口感。说是“适合家庭的咖喱”也令人服气。

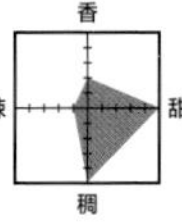

宜配食材

猪肉、南瓜、牛奶

爱思必食品

❾ 特乐口浓厚咖喱多明格拉斯酱

较❽甜味更甚。味如其名，浓厚圆润。口感似乎小孩也能接受。

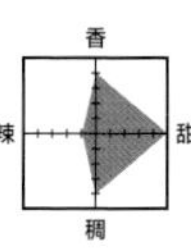

宜配食材

牛肉、猪肉、汉堡、土豆、菌菇

爱思必食品

⑩ 王室料理人之地中海咖喱

番茄和香草很出彩。味道不知何处能令人联想到比萨。与奶酪搭配相得益彰。

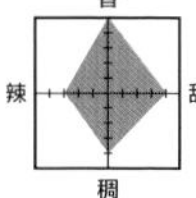

宜配食材

茄子、甜椒、虾、鸡肉、番茄、奶酪、鸡蛋

爱思必食品

⑪ 多种材料咖喱 肉末咖喱用

酸、甜、苦、辣搭配平衡，风味上佳。辣中香味突出。

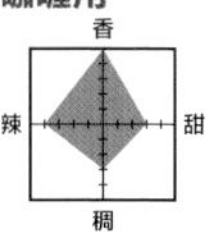

宜配食材

肉末、茄子、豆腐

江崎格力高

⑫ 2段熟咖喱

味道层次丰富，依次袭击味蕾。甜味和辣味均含蓄婉约。适宜搭配风味食材。

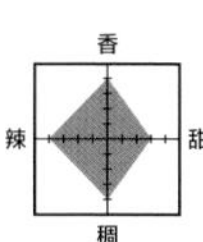

宜配食材

鱼、菌菇

江崎格力高

⑬ 绝品（ZEPPIN）咖喱

令人舒爽的苦味形成了成年人的味道。虽有香辛料的辛辣，但苦味将辣味中和得恰到好处。

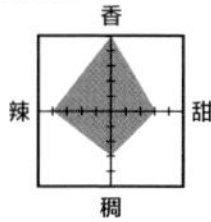

宜配食材

牛肉、肉末

建议!

推荐搭配 前5位

13种咖喱块分别按照
1:1比例调配后，
美味可口，出人意料!

❶ 百梦多咖喱 × ❹ 浓厚香味特级咖喱

浓醇、甘甜、芳香三美俱全，平衡得恰到好处。适合各个年龄层人群。

❷ 爪哇咖喱 × ❿ 王室料理人之地中海咖喱

酥麻的香辛料味道和香草的清新搭配和谐出众。二者优点充分发挥，属于成年人的味道。

❸ 浓厚香味咖喱 × ❾ 特乐口浓厚咖喱 多明格拉斯酱

两种咖喱块无一不醇厚、鲜美四溢，调配之后，口感更劲爆!

❿ 王室料理人之地中海咖喱 × ⓭ 绝品咖喱

两种个性派咖喱块组合之后，酸苦俱佳，味道升级，令行家赞不绝口。

❸ 浓厚香味咖喱 × ❽ 特乐口咖喱

相同款咖喱调配后，意外化身个性派。奇特口感简直令人上瘾。

知识讲解……

滨田美里老师

Hamada Misato，厨艺研究师，国际中医药膳师。就读大学期间游历世界，踏上不同土地，遍尝各地特色美食。她的工作为寻访日本乡土味道。出版书籍多部，有《滨田美里私房咖喱》（日本河出书房新社）等。

咖喱块小知识

成品咖喱块为了迎合大众口味，基本上甜味较大。在这其中，称得上冒险尝试的是“绝品（ZEPPIN）咖喱”。其味独特，带有苦味，连滨田老师都深表赞赏。

速溶咖喱块变美味！

乐享速溶咖喱的创新食谱

只要按照菜品，选择最为合适的速溶咖喱块，成品咖喱块也能大变样，成为极品咖喱菜肴！

◀ 爪哇咖喱

创新！

食谱 1

咖喱全番茄

放入4只红彤彤的整番茄。辛辣的爪哇咖喱能够突出番茄的清新甜美。搭配咸牛肉相得益彰，香辛料香味馥郁，令人胃口大开。

材料（2人份）

番茄……中等大小 4 个
洋葱……1 个
咸牛肉……1 听
蒜泥……1 小匙
红酒……3 大匙
蔬菜汁……190 mL
色拉油……2 小匙
速溶咖喱块……20 g

烹制方法

1 洋葱切碎。
2 平底锅内放色拉油，用略弱中火将 1 和蒜泥炒 10 分钟。加入掰成小块的咸牛肉，搅拌，倒入红酒、蔬菜汁。
3 煮开锅后稍顿片刻，关火，放入速溶咖喱块融化。
4 去掉番茄蒂，划上十字切口。放入 3 的锅中，盖上锅盖，小火煮 4~5 分钟。
5 装盘，一边挑破番茄一边吃。

要领

番茄可以不煮透。如果使用P.147的“小贴士！”中所述“炒洋葱”冷冻品，可在炒出蒜泥香味后放入，然后进入下一工序。

食谱 2

豪华咖喱扇贝

配料简单，格调非凡。“海之幸咖喱”能够充分引出扇贝的鲜美，加上番茄汁和鲜奶油，更显柔和奢华。

海之幸咖喱

要领

为了使扇贝保持Q弹的口感，火候不能过度。爆炒至表面带有焦色后，需马上取出。扇贝回锅后，不炖，开中火2分钟左右关火。

材料（2人份）

扇贝……………………… 12 只（250 g）
洋葱碎………………………… 1 个的量
双孢蘑菇………………………… 8 朵
蒜泥……………………………1/2 小匙
姜末……………………………… 1 小匙
黄油……………………………… 1 大匙
盐………………………………1/3 小匙
番茄汁…………………………… 100 mL
鲜奶油…………………………… 100 mL
乌醋……………………………… 1 小匙
速溶咖喱块……………………15 g~20 g

烹制方法

1. 洋葱切碎。双孢蘑菇去掉根蒂，切成两半。
2. 黄油用锅烧热，将扇贝爆炒至表面带焦色，取出。
3. 2 的锅内放入洋葱碎，盖上锅盖，小火焖 15 分钟。其间时不时搅拌一下，避免焦煳。
4. 加入双孢蘑菇、姜末、蒜泥，盖上锅盖，放盐，焖 2~3 分钟。其间时不时搅拌一下，避免焦煳。
5. 加入番茄汁和鲜奶油，煮 8 分钟。关火，放入乌醋和速溶咖喱块，充分融化后，加入 2 的扇贝，中火煮 2 分钟。

小贴士！

速溶咖喱烹制秘诀　第 1 篇

怎样才能随时轻松做出好吃的咖喱？向我们传授食谱的滨田老师介绍说，用洋葱碎炒成的“炒洋葱”可多做一些，冷冻备用。“10~20个量的洋葱用橄榄油仔细炒至1/5的量，然后放入储存袋内，摊平放入冰箱冷冻。使用时，只要按用量掰断放入锅内即可。事先做好，每次用很短的时间就能完成烹饪工作，做出美味可口的菜”。

食谱 3

太阳蛋焗烤咖喱

黏稠的奶酪和蛋黄像熔岩一样溢出。“王室料理人之地中海咖喱”充分利用番茄和香草的作用，把油腻的配料食材做得清新恬淡。

要领

在数量众多的咖喱块中，最适合配鸡蛋和奶酪的要数“王室料理人之地中海咖喱”。米饭使用黏性小的“秋田小町”等大米，出锅后较为松散。

▲王室料理人之地中海咖喱

材料（2人份）

大蒜……1 瓣
洋葱……1/2 个
香菇……2 朵
橄榄油……2 小匙
猪牛混合肉末……150 g
盐……1 捏
速溶咖喱块……25 g~30 g
米饭……2 碗的量
比萨用奶酪……40 g
鸡蛋……2 个

A
番茄酱……2 大匙
红酒（或清酒）……2 大匙
鸡汤（或日式高汤）……50 mL

烹制方法

1. 大蒜、洋葱、香菇切碎。
2. 橄榄油和大蒜放入平底锅内，开小火，炒出香味。
3. 加入洋葱和香菇，约盖 10 分钟锅盖并仔细翻炒。变透明后，放入猪牛混合肉末，再炒 3 分钟，加盐。
4. 关火，放入速溶咖喱块融化。
5. 开小火，加入 A，煮至有水蒸气冒出。
6. 烤箱预热至 230℃，米饭倒入耐热容器，浇上 5，中间做一个窝，打入鸡蛋。周围撒上比萨用奶酪，放入烤箱，烤 10~12 分钟。

小贴士！

速溶咖喱烹制秘诀 第 2 篇

用成品咖喱块制作正宗咖喱，最大的秘诀是不能用水。滨田老师的做法是用蔬菜汁、牛奶和日式高汤等代替。“不加水，放其他东西可以增添醇厚与鲜美”。加入鲜奶油，口感更柔和；加入番茄汁，成菜味道清新。用成品咖喱块收拢整道咖喱味道，相比专业人士，烹饪初学者做出的口感也能毫不逊色。

食谱 4

菌菇满溢咖喱

不管是浇米饭还是配面食，不管是当主菜还是配肉菜，都是一种无与伦比的享受。由于配料只有菌菇，比较单一，使用“浓厚香味咖喱”块，将会更加浓醇圆润。

材料（2人份）

菌菇（蟹味菇、香菇、金针菇等）……………共 400 g
洋葱……………………1 个
大蒜……………………1 瓣
盐…………………1/4 小匙
色拉油…………………1 大匙

A
花生酱……………………1 大匙余（约 20 g）
酸奶……………………120 g
牛奶………………… 100 mL
乌醋……………………2 小匙
速溶咖喱块………… 20 g

烹制方法

1 菌菇去掉根蒂，撕开。
2 洋葱切碎。大蒜磨成泥。
3 色拉油用锅烧热，翻炒 2，盖上锅盖，小火焖炒 7 分钟（如有可能，可炒更长时间，这样成菜更好吃）。
4 放入 1，撒盐，整体裹上油后，盖上锅盖，再焖 7 分钟。其间时不时翻炒一下，避免焦煳。
5 关火，加 A，速溶咖喱块完全融化后，开小火，煮 7 分钟，随时搅拌。

要领

用“浓厚香味咖喱”加花生酱当佐料，更添醇厚。香喷喷的花生令味道更加深邃，整体紧致有致。

要领

所放配料建议使用菌菇、大葱、洋葱、薄片猪肉。由于用淀粉勾芡，所以裹到乌冬面上后，效果也很出彩，易于入口。由于日式高汤的作用，味道很清淡。

食谱 5

咖喱乌冬面

咖喱块建议使用“黄金咖喱”，其口感清新，没有腥味，易于搭配日式高汤等日式食材。烹制时，可撒点儿鸭儿芹或香橙皮。

材料（2人份）

猪肉切薄片…………150 g
大葱…………………1 根
香菇……………… 2~4 朵
乌冬面（冷冻）………2 束
速溶咖喱块…… 15 g~20 g

A
日式高汤……………4 杯
清酒…………………2 大匙
酱油…………………3 大匙
甜料酒………………3 大匙

B
淀粉…………………2 小匙
水……………………2 小匙

烹制方法

1 猪肉切成 3 cm 宽。大葱斜切成 7 mm 宽，香菇切成两半。
2 A 放入锅内煮开，然后放入猪肉。猪肉熟后，加入大葱、香菇，中火炖 5 分钟。
3 关火，放入速溶咖喱块融化。
4 再次开火，放入搅拌好的 B 勾芡。
5 用开水（分量外）加热乌冬面，盛碗，浇上 4。

从香辛料到自制用料

咖喱烹制 助攻！品项

想在自己家中“轻松”享受正宗咖喱的乐趣？
给您推荐使用方便的烹饪用品，让愿望变成现实！

阿南（ANAN）
咖喱粉
（经典）

姜黄、芫荽、孜然、红辣椒等多种香辛料调配成的咖喱粉。除了自己从头开始动手做咖喱使用之外，也是不可多得的佐料 Ⓐ

阿南
阿南咖喱粉
（柔和）

与左侧经典款相同，为原创咖喱粉。柔和款辣味减轻，小孩应该也会很喜欢 Ⓐ

东方美食（Orient Gourmet）
绿咖喱罐头

泰国咖喱罐头，绿咖喱酱中加入了椰奶、竹笋、罗勒、蚝油、辣椒、香草等调味料 Ⓐ

阿南
瓶装咖喱
（辣口）

相传系印度人阿南为日本人所制。盐、砂糖、添加剂等一概不添加。还有商用1kg塑料袋装产品提供 Ⓐ

苏泰（Soot Thai）

蟹炒咖喱粉（Poo Pad Pong Curry）

“Poo”意为“螃蟹”，“Pad”是“炒”的意思，“Pong Curry”意为咖喱粉。只要放入蛋液煎炒，就能做出一道泰国人气经典菜品 Ⓑ

吉塔（Geeta's）

菠菜奶酪咖喱（Saag Curry）

附香辛料粉的咖喱酱。只要准备好鸡肉、鱼等主料食材，就能轻松乐享一道香味馥郁的正宗印度咖喱 Ⓑ

泰娘（Mae Ploy）

绿咖喱酱

首次尝试泰国菜的新手也能轻松做出原汁原味的泰国咖喱。可以按照个人喜好，放入椰奶、鱼露等调整味道后使用 Ⓐ

泰国黎逸（Roi Thai）

绿咖喱

只要与鸡肉、蔬菜等喜欢的食材一起炖煮，就能做出正儿八经的绿咖喱。1盒约为2人份 Ⓑ

分类 12

速食咖喱

无印良品

新加坡风味汤咖喱

香草和香辛料让蔬菜等大块食材的风味格外突出。口感沙沙的咖喱块颇具特色 Ⓒ

无印良品

绿咖喱

使用柠檬草等泰国咖喱特色香草炖煮而成，风味清新。绿辣椒充满刺激感的辛辣也很有特色 Ⓒ

厨房乐（Kitchen Joy）

红咖喱

能够品尝到正宗泰国咖喱醇厚与辛辣口感的速食咖喱。红咖喱酱中大块食材饱满四溢 Ⓐ

咖乐迪咖啡农场（Kaldi Coffee Farm）

原创蟹味咖喱

加入用量毫不吝啬的雪蟹肉碎，并以熟透番茄作为底料，使用特制调配香辛酱料炖煮而成，堪称奢侈享受 Ⓑ

咖乐迪咖啡农场

原创鸡肉咖喱

使用孜然、芫荽效果生动的特制调配香辛酱料炖煮，加入埃德姆奶酪调味，口感圆润 Ⓑ

咖乐迪咖啡农场

原创肉末咖喱

鸡肉切碎，使用番茄、洋葱和自制香辛料制作而成，味道辛辣。配烤馕很好吃 Ⓑ

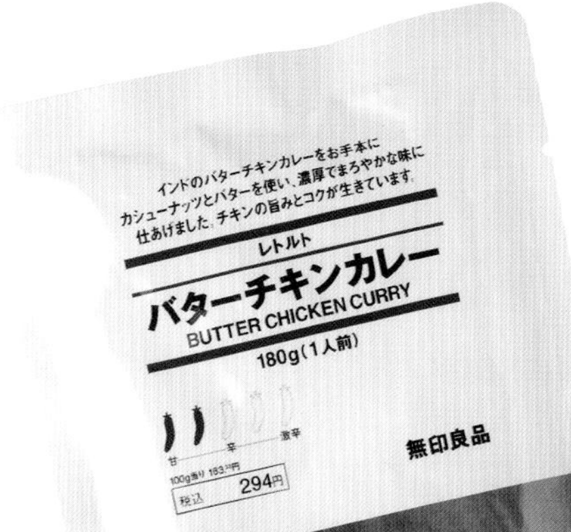

无印良品
黄油鸡肉咖喱

使用腰果和黄油，成品味道醇厚而又圆润。鸡肉的鲜美和醇厚令人回味无穷 Ⓒ

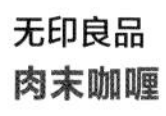

无印良品
肉末咖喱

鸡肉碎与洋葱炒透后，与数种香辛料一起炖煮，醇厚与鲜美四溢绽放 Ⓒ

无印良品
鸡豆豆泥咖喱

仿照印度的豆咖喱，使用搭配均衡的香辛料制成。鸡豆形成了独特的口感和风味，口感辛辣 Ⓒ

无印良品
平底锅烤馕

面团揉好展开，仅用平底锅煎烤，就能做出烤馕的混合面粉。刚出锅的烤馕是咖喱的最佳配食 Ⓒ

俏果（CHAOKOH）
椰奶

削下椰子内侧胚乳部分榨制而成。除了咖喱以外，还可用来制作糕点。纸盒包装，保存也很方便 Ⓑ

拉普雷齐奥萨（La Preziosa）
鸡豆

除了咖喱之外，口感软面的鸡豆还可放入沙拉和汤中，用于多种菜品 Ⓑ

分类:3

手制咖喱套装

阿南
恰巴提薄饼套装

制作吃正宗咖喱时最宜同时搭配的恰巴提薄饼用。需准备物品仅水和色拉油即可。酵母菌亦无须使用。1套可做6张恰巴提薄饼 Ⓓ

阿南
坦都里商品套卡

制作坦都里烤鸡所需的香辛料悉数在内。其余只要准备鸡肉、纯酸奶即可 Ⓓ

阿南
豆子套装“MAME8”

豆咖喱制作用套装,附咖喱碎片和香辛料。内有绿豆、红腰豆、马栗豆、红豆等8种豆类，颜色也很鲜艳。4人份 Ⓓ

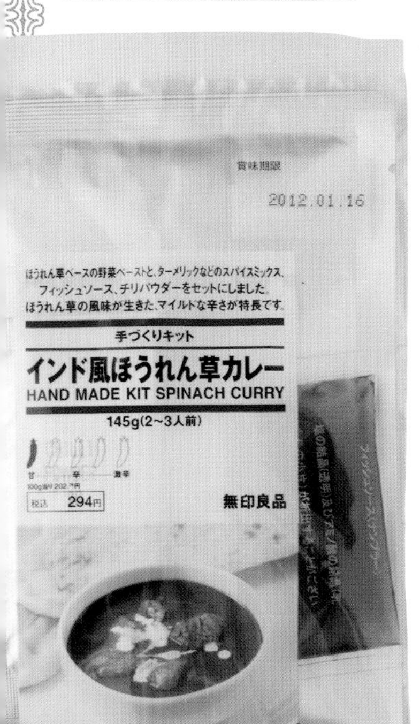

无印良品
手制咖喱套装
印度风
菠菜咖喱

用菠菜做底料的蔬菜酱、姜黄等混合香辛料、鱼露和辣椒粉套装商品 Ⓒ

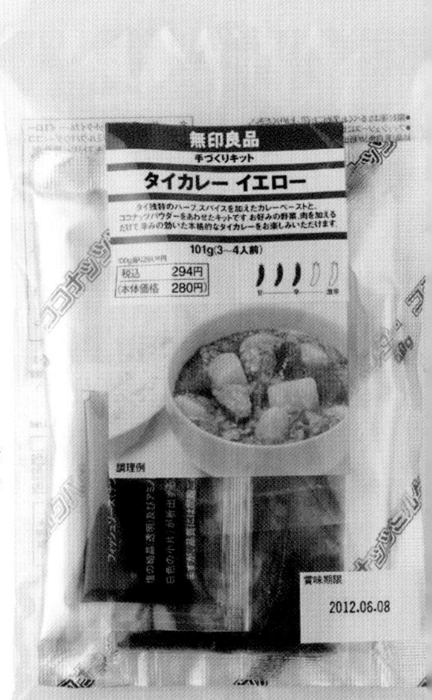

无印良品
手制咖喱套装
泰国咖喱 黄

加入香草和香辛料的咖喱酱与椰子粉搭配的套装商品。挑战正宗泰国咖喱! Ⓒ

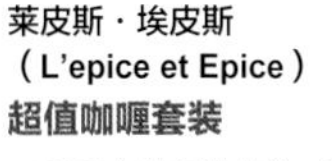

莱皮斯·埃皮斯
（L'epice et Epice）
超值咖喱套装

22种香辛料套装商品。制作咖喱的基本香辛料自不待言，还含有陈皮等咖喱中并不多见的香辛料种类，个性咖喱，唾手可得！ E

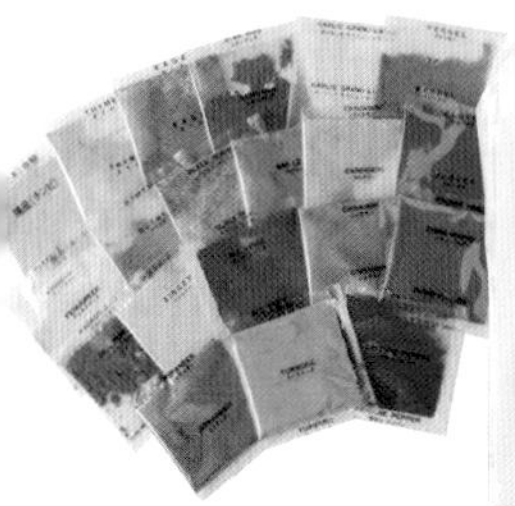

加邦（GABAN®）
手制用咖喱粉套装

姜黄、孜然、辣椒等20种香辛料套装品。调配起来，轻轻松松就能做出正宗咖喱 F

朝冈香辛料
印度咖喱套装

印度咖喱香辛料、格兰姆·马沙拉、孜然套装商品。放入洋葱、生姜、熟番茄和鸡肉等材料炖煮，就能做出正宗印度咖喱 G

店铺列表

A DeLi
德里

进口杂货食品店，在日本全国各地开店多家。能够买到咖喱用正宗调味料和味道正宗的速食咖喱。
☎03-3265-5606

B KALDI COFFEE FARM
咖乐迪咖啡农场

进口食品店。店内甄选讲究的原产咖啡豆、进口食品、葡萄酒和奶酪等全球各地食材，琳琅满目。适合制作咖喱的香辛料和食材同样种类丰富，原产品项也很受欢迎。
☎0120-415-023（客户咨询室）

C 无印良品

投放原创商品，从食品到日杂、室内装饰等，覆盖生活方式的几乎所有方面。自1980年创业起，人气速食咖喱等咖喱相关商品种类也很丰富。
☎03-3989-1171（无印良品 池袋西武）

D 阿南

以居住在镰仓的印度人阿南制作的咖喱素系列“咖喱套装手册”为代表，品项丰富多彩，能够轻松再现正宗味道。
☎0467-25-6416

E L'epice et Epice
莱皮斯·埃皮斯

经营法国直接进口香辛料的专卖店，约有120个品种。所有香辛料均可闻香试吃，还可散装出售。即使一窍不通，店员也会耐心讲解，新手也可放心购买。
☎03-5726-1144

F GABAN®
加邦

食品生产厂商，主要面向商业用途，开展香辛料生产销售。尤其是蓝色罐装胡椒，为餐馆厨房和拉面店餐桌上的熟面孔。此外，还经营来自世界各地的进口商品。
☎03-3537-3020

G 朝冈香辛料

以“步入丰足生活的邀请函”作为口号，销售自世界各地严格甄选的香辛料、香草、烹饪用酱料等产品。随时提供通过JAS日本农业有机产品认证的香辛料等优质商品。
☎03-6222-3200
（平日 10:00~16:30）

※P.150—155中介绍的商品库存可能会与实际情况有所出入，敬请知悉。

要做出美味咖喱，工具就要很讲究！

为咖喱爱好者准备的

调理工具&厨房神器

要做出正宗咖喱，工具也要很讲究！
这里介绍的工具包括咖喱本土的正宗工具，还有诞生于日本的神器。

美味的关键

锅·罐

如果说哪种工具能够大大左右咖喱味道的话，那就是这些啦！咖喱的道具，烤馕、烤“恰巴提”工具都备齐就最好不过了。

“恰巴提”摊饼工具

“恰巴提”是印度家常食用的一种圆形薄饼。使用此工具，能把饼摊得像可丽饼一样，又薄又均匀。

直径17 cm/材料：铁 Ⓑ

印度汤锅（Handi）

北印度用锅。下部用铜，传热性能好；内部使用不锈钢，不易冷却，可以放在炉子上，边加热边吃。

外径19 cm/内径16 cm/材料：铜、不锈钢 Ⓑ

“恰巴提”保温锅

可保持刚出锅的热乎劲儿，让人随时都能吃上美味可口的“恰巴提”。可容纳数量：约24~36张。

内径19.5 cm/材料：不锈钢（内侧）Ⓑ

“恰巴提”用平底锅

霍金斯（Hawkins）公司出品的顶级高端产品。特氟龙加工，不用油也可以煎烤。手柄部分为不烫手设计。

直径22 cm/材料：铁（特氟龙加工）Ⓑ

咖喱道/初段锅

咖喱专用锅，系咖喱专家从日本全国精心严选最适合烹制咖喱的锅，然后加以改良而成。可无水烹饪。水分不易蒸发，能够充分引出食材的鲜美却不会逸失。

直径23.2 cm/材料：厚铝铸造 Ⓒ

小贴士！

用中式炒锅做咖喱！？

中式炒锅比普通锅传热效率高，食材熟得快。按照与平时相同的要领做咖喱，即使烹饪时间短，做的咖喱也能达到细熬慢炖的味道。

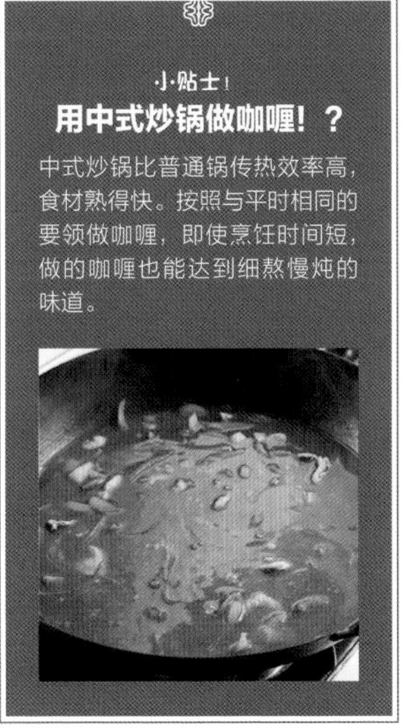

伊贺土锅“咖喱锅（黑乐）”

因为也可炒菜，所以肉和蔬菜炒好之后，直接用来做咖喱，鲜美不会丢失。土锅具有远红外线效果，热量能够切实到达食材中央。也可利用余热烹饪。

直径21 cm/高17 cm/容量1.5 L/材料：陶器 Ⓓ

霍金斯公司出品压力锅

印度一流制造商霍金斯公司的压力锅备受全印度家庭喜爱。体积紧凑，用来做少量咖喱也很不错。

直径 13 cm/ 高 13.5 cm/ 容量 1.5 L/ 材料：不锈钢 Ⓑ

咖喱小锅（Khadai）

印度高级餐厅用来盛放咖喱或者泥炉烤鸡等菜肴的食器。外侧使用传热性能良好的铜。

直径约14 cm/高约5 cm/材料：铜、不锈钢 Ⓐ

速成・坦都里锅

体积不大，却能正经烤制馕等食物。放在煤气灶上即可，用法也很简单。还能烤制泥炉烤鸡，性能卓越。

直径约35 cm/高约26 cm（把手除外）/材料：不锈钢 Ⓐ

小贴士！

厨艺研究师滨田美里老师（→P.145）给我们展示了她的宝贝神器

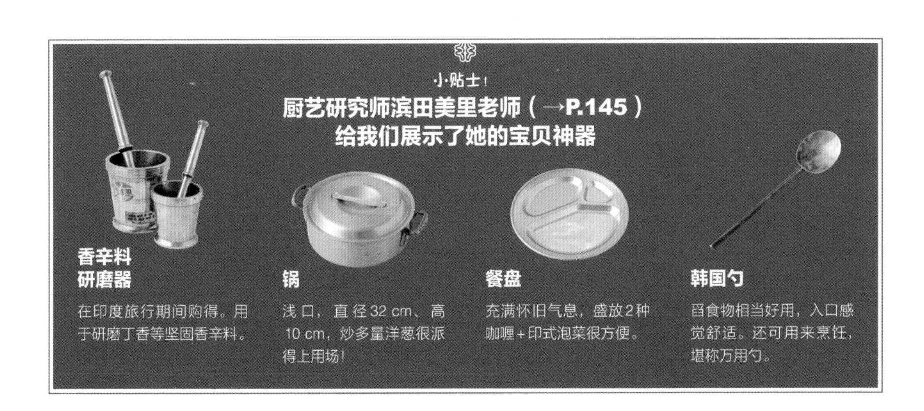

香辛料研磨器

在印度旅行期间购得。用于研磨丁香等坚固香辛料。

锅

浅口，直径32 cm、高10 cm，炒多量洋葱很派得上用场！

餐盘

充满怀旧气息，盛放2种咖喱+印式泡菜很方便。

韩国勺

舀食物相当好用，入口感觉舒适。还可用来烹饪，堪称万用勺。

正宗手工派必备品项

香辛料用品

多姿多彩的香辛料拓宽了手制咖喱的世界，其周边工具同样丰富繁多。娴熟运用，咖喱制作将会倍感乐趣。

香辛料用小勺

咖喱香辛料或者砂糖用小勺。大小适中，方便收纳到香辛料盒内。每种香辛料放一把也可以！

长9.4 cm/材料：不锈钢 Ⓑ

带勺马沙拉罐

若想边吃边调整咖喱味道，餐桌上放一个马沙拉罐会很方便。除了盛香辛料以外，当盐罐、胡椒罐也很不错。

直径8 cm/高7 cm/材料：不锈钢 Ⓐ

提手瓶

除了香辛料以外，还可用来存放糕点和液体等物。瓶子带盖，万一翻倒也没关系。

直径7 cm/高8.5 cm/材料：不锈钢 Ⓐ

香草罐

可以存放香草、新鲜蔬菜等。印度家庭常用。高级不锈钢制品，非常耐用，购买方便。

直径13.5 cm/高6.5 cm/材料：不锈钢 Ⓑ

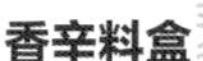

香辛料盒

能够避免香辛料干燥、风化。盒盖透明，方便查看内容物。其中每个香辛料罐都带勺。

直径18.5 cm（5.8 cm）/高7.5 cm（4.5 cm）/材料：不锈钢 Ⓑ

※（　）内为单个香辛料罐尺寸

香辛料研磨器

研磨香辛料整料，依个人口味制作马沙拉（调配香辛料）时非常好用。铜锌合金制品，有一定重量，研磨坚硬的香辛料也不在话下。

直径约7 cm/高约5.8 cm/钵杵长约13 cm/材料：金属 Ⓐ

泰国调味瓶

玻璃制调味瓶，泰国餐桌必备品。在泰国，人们一般用其盛放砂糖、鱼露、醋泡辣椒、红辣椒粉等物。

长约15 cm×15 cm（直径约7 cm）/高约15 cm/材料：不锈钢、玻璃 Ⓐ

※（）内为单个玻璃调味瓶尺寸

树叶形马沙拉罐

3个小尺寸马沙拉（调配香辛料）罐粘在叶形盘上。盛放盐、胡椒等物，放在餐桌上非常实用。

长15 cm×宽11.4 cm/马沙拉罐内径3.4 cm/马沙拉罐高1.7 cm（盖子除外）/材料：不锈钢 Ⓐ

提拉奇塔（TIRAKITA）

☎046-875-3668（平日8:30~17:30）

线上商铺，经营范围广泛，包括亚洲杂货、民族乐器等。独家特色商品品类齐全。

亚洲猎人（Asia Hunter）

☎03-3641-7087

线上商铺，进口印度等各种购买不方便的亚洲烹饪工具。

烹饪和用餐，都享受正宗的感觉

厨房小物

要想制作可口的咖喱，并在正宗的气氛中品味咖喱，厨房小物也要很讲究。

不锈钢奶茶杯

虽然体积不大，但在印度属于常见奶茶杯尺寸。用来喝奶茶和咖啡都不错。

直径约6.6 cm/高约7.6 cm/重40 g/材料：不锈钢 Ⓐ

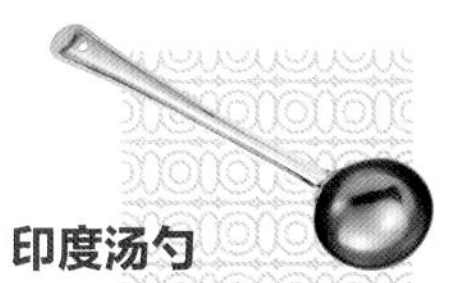

印度汤勺

用很热的油炒香辛料时使用，也有人用其代替锅铲。

直径约7.5 cm/长约31.5 cm Ⓐ

奶茶勺（Doya）

印度奶茶店必备调理工具，往已经放茶的锅中放入牛奶并搅拌等场合使用。类似于日本的长柄勺。

直径约6 cm/深约4 cm/柄长25 cm/材料：不锈钢 Ⓐ

油炸用勺

做“帕可拉（印度天妇罗）”和“普里（油炸饼）”等油炸食品时使用。浇油，用来给食物翻个儿很好用。

直径约7 cm/长约33 cm/材料：铁、木 Ⓐ

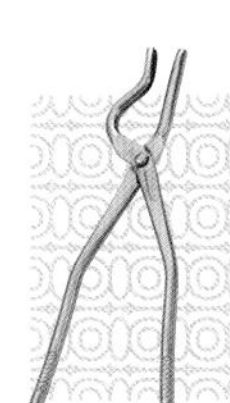

锅夹

夹无把手印式锅等物非常好用。一侧锅夹插入锅内使用。

长26 cm/材料：铁 Ⓑ

公勺

超特大勺，在印度，人们有时候也用其代替勺子。布菜或者舀香辛料都很好用。

直径约6.5 cm/长约38 cm/材料：不锈钢 Ⓐ

印度饭盒

双层结构，密封好的上层装有汤汁的食物，下层装米饭。不锈钢制品，不易沾附异味。

直径9.8 cm/高9 cm/材料：不锈钢 Ⓐ

咖喱圆盘

最大部位盛米饭或者“恰巴提”，较小部位放咖喱或者奶酪等食物。比普通产品加工细致，结实耐用。

直径31.5 cm/高2.5 cm/材料：不锈钢 Ⓐ

椭圆盘（小）

不锈钢咖喱盘。印度是把多人份咖喱盛到一个盘子上分食，但盛日式咖喱米饭一人份刚刚好。

长约20.5 cm×11.8 cm/高2.2 cm/材料：不锈钢 Ⓐ

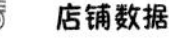

店铺数据

咖喱综合研究所

☎03-5647-8810

从事咖喱相关咨询业务。还开展商品开发和销售等业务。介绍佐料的“私家咖喱段位提升工程”网站亦备受好评。

长谷园

☎0120-529-500（平日9:00~17:00）

日本天保三年（1832年）所建窑场。产品制造继承了“伊贺烧”陶瓷传统，同时又紧跟时代潮流。

※P.156—159中介绍的商品库存可能会与实际情况有所出入，敬请知悉。

美味！简单！有趣！

在家中享受奶茶&奶昔

奶茶微微带有甜味，奶昔口感清新，
搭配咖喱珠联璧合。这里介绍的
诀窍和食谱，让您在家中也能品尝正宗味道。

什么是印式奶茶（chai）？

“Chai”一词意即“茶”。除了在茶叶中加入香辛料的茶之外，多指煮后味道甘甜的印式奶茶。这种饮品在印度非常普遍，人们喜欢放入足量奶，并用砂糖调成甜味的奶茶。

食谱 01

茶布来（CHAI BREAK）的马沙拉奶茶

材料（1人份）

水……90 mL
茶叶（金佰莱）……8 g
配好的香辛料（锡兰肉桂、小豆蔻、丁香、肉豆蔻、干姜、黑胡椒）……1.2 g
牛奶……180 mL
三温糖……7 g
奶泡……适量

烹制方法

1. 锅中放入水、茶叶和配好的香辛料，大火煮沸。
2. 开锅后，再沸腾 1 分钟。
3. 加入牛奶，将要开锅前，关火。
4. 过滤茶叶，依个人口味，加入三温糖和奶泡，完成。

店主 水野先生

做得可口的诀窍是优质茶叶和香辛料，还要加入足量牛奶！改变香辛料，就能增加变化，请尝试使用不同的香辛料。

店主从事红茶进口10年，因为希望打造一个能够轻松品茶的场所，所以就开了这家店。此处还能买到茶叶和香辛料

数据

茶布来（CHAI BREAK）
东京都武藏野市御殿山1-3-2
☎0422-79-9071
营业/11:00~19:00
休息日/周二

食谱 02

新·印度料理坦都里的奶茶

材料（1人份）

水……200 mL
锡兰肉桂……1 片
丁香……1 粒
小豆蔻（碾碎）……1 粒
姜皮……1 片
茶叶（阿萨姆 CTC）……2 茶匙
牛奶……150 mL

烹制方法

1. 锅中放水、香辛料（锡兰肉桂、丁香、小豆蔻）和姜皮，开中火。开锅后，火势略微调小熬煮。
2. 煮至水量剩余一半左右后，放入茶叶。像提取浓稠粉末一样，煮至水量剩下 1/3。
3. 倒入牛奶，开锅后，先从灶上撤下。然后再次开火煮沸。这样重复 2~3 次，味道更浓厚。
4. 用茶漏边过滤，边注入杯中。依个人口味，放入砂糖、蜂蜜或枫糖（分量外）等物。

店主 塚本善重先生

由于香辛料出香需一定时间，故要领在于，加水一起上火煮。茶叶建议使用阿萨姆的CTC，它具有红茶的浓郁，同时又容易产生醇厚感。

数据

新·印度料理坦都里

东京都中野区沼袋1-8-22
山丹大厦2F
☎03-3387-2172
营业/需咨询
休息日/需咨询

招牌菜是备受咖喱粉丝称道的咖喱。※截至2012年2月，暂时停业中

Chai

食谱 03

茶处之王（CHAI KING）的尼泊尔奶茶

店长 玛依可小姐

使用水牛奶，为了接近口感圆润的正宗味道，玛依可小姐潜心研究茶叶配合和焖煮时间等内容，完美再现了亲口尝过的当地味道，现在连尼泊尔人都表示认可！

店主对尼泊尔情有独钟。店内能够品尝达巴（dālbhāt，一种尼泊尔家常菜），除此以外，还备有各国奶茶

材料（8人份）

生姜……30 g
牛奶……1L
水……1L
黑胡椒……适量
茶叶（伊拉姆红茶与阿萨姆 CTC 混合）……5 大匙
砂糖……7~8 大匙

烹制方法

1. 生姜切碎。
2. 锅内倒入牛奶和水，开火。
3. 加入 1 和黑胡椒，煮至沸腾。
4. 牛奶开始咕嘟咕嘟冒泡后，把火关小，将茶叶沿气泡位置撒入。
5. 煮30分钟左右，其间时不时搅拌一下，避免茶叶粘到锅上。
6. 关火，加入砂糖，仔细搅拌。
7. 整体混合均匀后，盖上锅盖放置 30 分钟 ~1 小时，直到冷却，这样味道融于一体，整体更显严谨统一。
8. 用茶漏过滤，完成。饮用前可重新加热，调整口感。

数据

茶处之王（CHAI KING）

神奈川县横滨市美丘2-21-1　☎045-901-0893
营业/18:00~24:00
（周六、日12:00~17:00、18:00~24:00）
休息日/周四、每月第1、3个周三

食谱 04

红茶工房的柠檬奶茶

材料（2杯的量）

水……………………… 200 mL
茶叶（乌瓦茶）…………6 g
柠檬皮…1 cm×1 cm 4~5 片
（其中 1/2 片切碎，用于装饰）
牛奶…………………… 200 mL
泡沫奶油………………1 大匙

烹制方法

1. 锅内放水、茶叶、柠檬皮（装饰用物除外），开大火。
2. 沸腾后，转小火，煮 5 分钟左右。
3. 倒入牛奶，转略小点的大火加热，即将沸腾前关火。
4. 用茶漏过滤到茶壶中。奶茶倒入茶杯后，放泡沫奶油和装置用柠檬皮漂在上面即可。

店主上泷先生是日本红茶协会认证的红茶茶艺师。人气咖喱为镰仓名店"提-赛德（T-Side）"亲传味道

店主 上泷克美先生

推荐使用口感轻盈的高山乌瓦茶。放入茶叶后，勿做搅拌。否则茶叶受到损伤会发涩。

数据

红茶工房

神奈川县横须贺市马堀町 3-3-2　☎046-841-1106
营业/11:00~22:00（末次点单21:00）
休息日/周四 15:00以后、岁末年初

食谱 05

驿路咖啡（ILCAFE）的姜汁蜂蜜奶茶

材料（2杯的量）

水…………………………………………150 mL
茶叶（阿萨姆 CTC）……………………2 小匙
牛奶（乳脂含量 3.7% 以上）…………150 mL
姜汁蜂蜜膏★……………………………1 大匙

烹制方法

1. 用锅将水完全煮沸后，放入茶叶，小火煮 2 分钟左右。
2. 倒入牛奶，开大火，煮至整体冒泡沸腾后，关火（如要冷饮，散去余热后，放在冰箱冷藏）。
3. 用茶漏过滤到茶壶中，加入姜汁蜂蜜膏（如要冷饮，冰镇后的奶茶用茶漏过滤到玻璃杯内，再加蜂蜜膏）。

姜汁蜂蜜膏

材料

蜂蜜……………………………约 500 g
生姜………………………约 5 mm 厚 8 片
姜粉………………………………1 大匙
小豆蔻粉…………………………1 小匙
锡兰肉桂粉………………………1 小匙

烹制方法

1. 生姜和香辛料（姜粉、小豆蔻粉、锡兰肉桂粉）放入装有蜂蜜的容器内，用长匙等工具搅拌均匀后，连瓶一起用力摇晃。
2. 在冰箱内放 2~3 天后，完成。

※ 容器直接使用市面上出售的蜂蜜容器会很方便。如无，须使用密闭容器。

吉祥寺的人气咖啡馆，不光有饮品，用餐菜品也很丰富。店内气氛安闲沉静，时光缓缓流淌，让人不由得想多待一会儿

数据

驿路咖啡（Ilcafe）

东京都武藏野市吉祥寺本町
2-8-2若松大厦3F
☎0422-20-1306
营业/12:00~23:00
（末次点单22:30）
休息日/无休

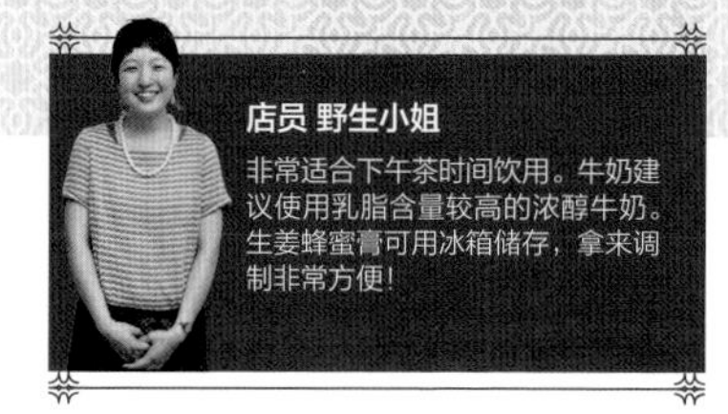

店员 野生小姐

非常适合下午茶时间饮用。牛奶建议使用乳脂含量较高的浓醇牛奶。生姜蜂蜜膏可用冰箱储存，拿来调制非常方便!

酸奶昔调制方法

材料

牛奶……………………50 g
纯酸奶…………………50 g
砂糖……1 大匙略少一点
盐……………………少许
冰块………………2~3 块

烹制方法

材料（冰块除外）放入碗中，仔细搅拌均匀即可。亦可用豆奶代替牛奶。

知识讲解……

铃木真帆老师

Suzuki Maho，烹饪教室 & 烘焙糕点店“真帆的餐桌（Maho’s Table）”负责人。居伦敦期间，学习欧洲和各国民族特色菜肴烹饪。奉行宗旨：享受简单美食的快乐。目前活跃于多家杂志。面向儿童的烹饪教室也备受好评。

食谱 01

椰奶奶昔

西米露的创新做法。添加了酸奶的酸味和菠萝口感，一派南洋气息!

材料

小西米（干燥）……………………10 g
椰奶……………………………50 g
纯酸奶…………………………50 g
椰糖……………………………2 小匙
（亦可用黄糖等代替）
菠萝片（罐装）…………………1 片
薄荷叶………………适量（无亦可）
冰块……………………………2~3 块

烹制方法

1. 小西米煮 15 分钟左右，然后冲水（分量外）收敛，泡入冷水（分量外）当中。
2. 碗中放入椰奶、纯酸奶、椰糖，加入滤净水的 1，搅拌。
3. 2 倒入玻璃杯，加冰块漂在上面，并用菠萝片装饰表面。依个人喜好，点缀薄荷叶。

食谱 02

咸味奶昔

在印度，咸味奶昔非常普遍。味道清新可口，易于搭配各种餐食。

材料

孜然……………………………少许
牛奶……………………………50 g
纯酸奶…………………………50 g
盐……………………………2 捏
冰块……………………………2~3 块

烹制方法

1. 孜然用平底锅炒至发出香味，并用石臼研磨。
2. 碗中放入牛奶、纯酸奶、盐，搅拌均匀，加冰块，倒入玻璃杯中。
3. 上方撒上 1，完成。

什么是奶昔（lassi）？

牛奶和酸奶中加入砂糖搅拌而成。在印度，人们夏天消暑饮用。以前，为了避免凉气过于侵入身体，一直是白煮后用杯子喝，现在一般加冰饮用。

食谱 03

杧果奶昔

果肉满满诱人。杧果虽可用罐装品，但如能买到，使用新鲜杧果，风味更馥郁。

材料

杧果……100 g
牛奶……50 g
纯酸奶……50 g
蜂蜜……2 小匙（依杧果甜度加减）
薄荷叶……适量（无亦可）
冰块……2~3 块

烹制方法

1 杧果削皮，取出果肉后，与其他材料（薄荷叶和冰块除外）一起用搅拌机打细。
2 1 倒入玻璃杯内，加入冰块，并依个人口味，放薄荷叶漂在上面。
※ 用桃子代替杧果，做出来也很可口。

食谱 04

红豆抹茶奶昔

抹茶的苦味、红豆的甜味、酸奶的酸味形成美妙的合奏。可当作甜点享用。

材料

豆奶……50 g
抹茶……2/3 小匙
纯酸奶……50 g
黄糖……2 小匙
煮红豆……1 大匙
冰块……2~3 块

烹制方法

1 少许豆奶倒入耐热玻璃杯等器皿内，用微波炉加热，放入抹茶融化。
2 剩余豆奶和 1 倒入碗中，再加入纯酸奶、黄糖，搅拌。
3 玻璃杯底部放入煮红豆，从上方倒入 2，加冰块漂在上面。

食谱 05

猕猴桃豆奶奶昔

猕猴桃富含维生素C和食物纤维等物质，香蕉营养丰沛，再加上焙煎黑芝麻和豆奶，健康满分！当作早餐也不错。

材料

猕猴桃……………………1 个
香蕉……………………1/2 根
焙煎黑芝麻…………1/2 大匙
豆奶……………………50 g
纯酸奶…………………50 g
蜂蜜……………………1 大匙
冰块……………………2~3 块

烹制方法

1 所有水果削皮，与其他材料（冰块除外）一起用搅拌机打细。
2 1 倒入玻璃杯内，加冰块漂在上面。如有，用猕猴桃片装饰。

食谱 06

双莓风味奶昔

使用蓝莓和树莓调制，颜色鲜艳，维生素也很充沛。如果使用冷冻水果，轻松就能做出冰奶昔。

材料

冷冻蓝莓…………………10 g
冷冻树莓…………………10 g
牛奶………………………50 g
纯酸奶……………………50 g
砂糖……………………1 大匙
薄荷叶………适量（无亦可）
冰块……………………2~3 块

烹制方法

1 两种冷冻状态莓类果实与其他材料（薄荷和冰块除外）一起用搅拌机打细。
2 1 倒入玻璃杯内，加冰块漂在上面。依个人喜好，用薄荷叶点缀。

\ 更有趣！更美味！ /

奶昔调制乐享品项

研钵

研磨香气浓烈的香辛料时，用它很方便。比石臼更容易买到，这一点也很不错。

叉子

如果用柔软果肉做奶昔，用叉子搅碎水果饮用，果肉的口感也很迷人。

明治 保加利亚酸奶

使用正宗保加利亚认证酸奶，可以做出接近印度风味的馥郁奶昔。

搅拌机

带碎冰功能更好用。将冰块一起搅拌，做出的奶昔冰爽可口。

乐咖喱

深入日本的咖喱文化灿烂多姿

日本咖喱种类之多可与印度相媲美。地方咖喱、咖喱南蛮面、咖喱面包等创新菜肴，还有速食咖喱……这些菜品历经什么过程才得以问世？食之可口、读之有趣，这里是令人眼花缭乱的咖喱资讯！

地方速食咖喱
纵贯日本！

全日本美食集锦 速食咖喱大奖

地方咖喱阵容实际上非常庞大。
或是放入稀有食材，或是使用特产熬煮，或是加入本地特色肉品……
每个厂家都在使出浑身解数，打造各种产品。
这里甄选介绍日本全国地方咖喱，各种特色口味，一网打尽！

① 墨鱼黑咖喱

墨鱼汁醇厚，香辛料考究。海味魔术师厨师长秘制浓黑速溶咖喱块。满溢的墨鱼和扇贝令人垂涎欲滴。

数据

中村家

岩手县釜石市铃子町5-7
TEL/0193-22-0629
FAX/0193-22-6500
购买方式/TEL、FAX、WEB

② 奥多摩 山之惠咖喱

咖喱种类较为罕见，使用用量毫不吝啬的鹿肉和具有杀菌作用的山葵茎。热量为135 kcal，有益健康，女性也很青睐。

数据

奥多摩观光协会官方商店

东京都西多摩郡奥多摩町冰川210
TEL/0428-83-2152
购买方式/零售店

200 g

北海道

③ 海豹咖喱

做咖喱连海豹都用上了！？除此以外，还有使用棕熊肉的新式咖喱，会令人想起北海道的严寒大地。在材料上，无咖喱能出其右。

数据

北海谷米谷物产

札幌市中央区南3条东1-6-2
TEL/0120-24-7828
FAX/0120-59-5556
购买方式/TEL、FAX、WEB、信函

200 g

山口县

④ 河豚咖喱

使用下关特产河豚制作，香辣搭配均衡，美妙绝伦。河豚口感细腻，带给味蕾无限享受！

数据

圆幸商事

山口县下关市彦岛西山町4-13-48
TEL/083-267-3727
购买方式/TEL、直营店

咖喱

稀有食材奖

投入稀有食材作为主料，
令人惊叹！

200 g

岛根县

⑤ 岛屿常识 蝾螺咖喱

将蝾螺肝脏捣碎，与21种香辛料一起炖煮而成。使用蝾螺黄油，成品味道深邃。

数据

隐岐岛前农业协同行会

岛根县隐岐郡海士町大字海士3976-1
FAX/08514-2-1820
购买方式/TEL、FAX

200 g

广岛县

⑥ 广岛县特产牡蛎咖喱

使用广岛县产牡蛎制作，堪称奢侈款咖喱。无牡蛎特有腥味，咖喱块口感柔和，充分融合了牡蛎的鲜美。

数据

彩虹食品

广岛县竹原市忠海中町1-1-25
TEL/0846-26-2462
FAX/0846-26-1263
购买方式/TEL、FAX、WEB、百货店、零售店

220 g

富山县

⑦ 萤鱿咖喱

海鲜咖喱，保持本来形状的萤鱿用料丰厚。辣口咖喱块中融入萤鱿的鲜美之后，口感浓郁醇厚。

数据

北都

福井市花堂东1-5-22
TEL/0776-36-0776
购买方式/TEL、WEB、北陆地区高速公路服务区、停车场

❶ 双拼神代咖喱

米饭居中，双拼搭配昭和三十年代风格与现代风格咖喱为其特色。一盘二人分食亦可。

数据

株式会社阿鲁克

秋田县仙北市角馆町川原町13-10
TEL/0187-55-5241
FAX/0187-55-5221
购买方式/TEL、FAX、WEB、零售店

❷ 八岳高原白咖喱

使用八岳高原牛奶制作的白咖喱。清新甘甜后，继之而来的是辛辣。蔬菜用量毫不吝啬，有益健康。

数据

YM公司（YM Company）

山梨县中央市山之神流通团地3-8-5
TEL/055-278-5085
FAX/055-278-5086
营业/8:30~17:30
休息日/周三、周日
购买方式/TEL

❸ 烤咖喱

讲究使用北九州市特产"小仓牛"牛肉等食材。以发祥于本地门司港的咖喱为基础，经过反复试验方才问世的原创烤咖喱。

数据

株式会社丸节

北九州市小仓北区下富野5-10-12
TEL/093-541-1948
购买方式/TEL、FAX、WEB

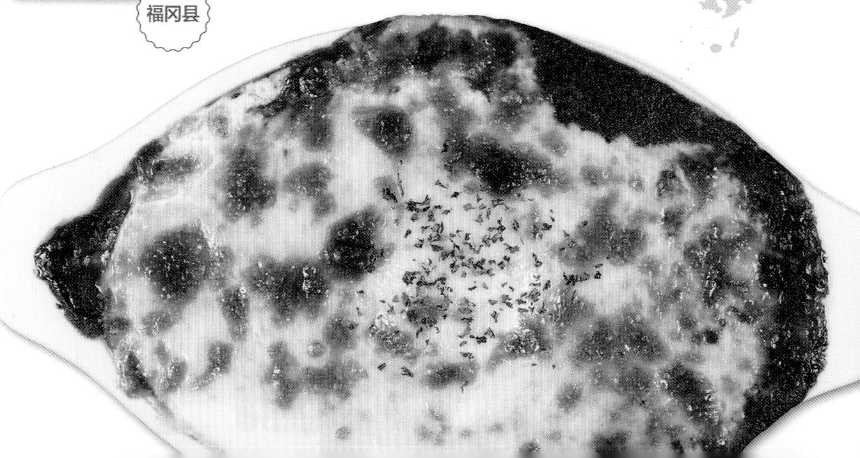

220 g

❹百年米饭咖喱

在大约100年前的咖喱食谱基础上再现而成，一派怀旧气息。搭配均衡，口感上乘。

数据

日光金谷酒店
礼品店

栃木县日光市上钵石町1300
FAX/0288-53-1361
购买方式/TEL、FAX、WEB

栃木县

咖喱

怀旧奖

走回日本咖喱的原点。
再现昔日老食谱！

1
2
5
4

❺横须贺海军咖喱

神奈川县

在明治时代《海军烹饪术参考书》的基础上再现而成。原创商品，营养均衡。

数据

横须贺海军咖喱本铺

横须贺市岩松町1-11-8
YY港口横须贺
TEL/046-829-1221
FAX/046-829-1220
购买方式/TEL、FAX

❶ 茶咖喱

使用名茶"薮北"茶，用量毫不吝啬，口感醇厚。使用所附装饰用绿茶粉末，风味更甚。

数据

元气朝叶

静冈县袋井市山崎5406-4
TEL & FAX/
0538-23-1474
休息日/周一
购买方式/TEL、FAX、WEB

❷ 牛舌咖喱

用香辛料味道浓郁的咖喱块，将牛舌煮至烂软熟透，舀在勺中，分量感十足。

数据

牛舌炭烧　利休

宫城县岩沼市吹上2-2-36-1
TEL/0120-047910
FAX/0120-094910
购买方式/TEL、FAX、WEB

❸ 肉味噌咖喱

肉质筋道多汁的三河赤鸡，搭配使用"角久"八丁味噌和甜料酒所炖肉酱，味道和谐，极富特色。

数据

东方（Oriental）

爱知县稻泽市大矢町高松1-1
TEL/0120-054545
FAX/0587-36-4593

❹ 黑毛和牛梅咖喱

使用纪州南高梅作为香辛料，口感非常清新，梅子的酸味成为亮点。日本国产黑毛和牛肉块在咖喱块中饱满四溢。

数据

大西食品

和歌山县田边市上之山1-12-2
TEL/0739-22-5458
FAX/0739-22-5446
购买方式/TEL、FAX、WEB

180 g

❺ 酒藏之酒咖喱

大手笔奢侈使用日本国产牛肉、日本酒熬制而成，为酒窖特供咖喱。醇厚、辛辣，属于成年人的味道。

数据

菊正宗酒造

神户市东滩区御影本町1-7-15
TEL/078-854-1043
购买方式/WEB、零售店

兵库县

220 g

❻ 云仙旅麦酒尊享咖喱

用香味浅淡的本地啤酒炖煮的咖喱块中，食材饱满四溢。啤酒中的酒精经过发酵，儿童也可放心食用。

数据

云仙啤酒厂

长崎县云仙市小滨町云仙123
TEL/0957-73-3113
FAX/0957-73-2627
购买方式/TEL、FAX、WEB

长崎县

250 g

❼ 古酒咖喱

咖喱块用长火久炖的冲绳红烧肉，以及“泡盛”酒熬制的香辛料熟化而成，堪称冲绳人民智慧的结晶。

数据

琉球传（冲绳式咖啡馆）

冲绳县那霸市久米2-31-1
TEL/098-860-6700
FAX/098-863-4881
购买方式/FAX、WEB

冲绳县

咖喱

搭配美酒，美味升级奖

使用颇有一番来历的日本酒，细熬慢炖而成！

200 g

❽ 橄榄咖喱

咖喱中使用小豆岛产橄榄果代替肉块，小豆岛本地酱油佐味。营养健康，口感清新。

数据

宝食品

香川县小豆郡小豆岛町苗羽甲2226-15
TEL/0879-82-2233
FAX/0879-82-4635
购买方式/TEL、FAX、WEB

香川县

200 g

爱媛县

❾ 杂鱼天咖喱

使用鱼肉鲜美无比的杂鱼天制作。麻辣口感的咖喱块中带有Q弹嚼感，令人耳目一新。味道仿佛日式和风海鲜咖喱。

数据

三越伊势丹食品服务

东京都中央区丰海町3-16
TEL/0120-25-4547
购买方式/TEL、WEB

鸡肉

200 g

石川县

① 乌骨鸡咖喱

咖喱块使用带骨乌骨鸡肉、蔬菜慢煮细炖而成，加入乌骨鸡肉的咖喱为乌骨鸡肉专卖店独家特色商品。

数据

金泽乌鸡庵

石川县金泽市西念4-21-18
TEL/076-232-4255
购买方式/TEL、WEB、直营店

200 g

奈良县

② 飞鸟咖喱

（明日香蔬菜与大和肉鸡咖喱）

限量出品咖喱。使用不同季节、品种各异的明日香村所产时令蔬菜和奈良县产“大和肉鸡”加工制作。

数据

飞鸟之乡　万叶人

奈良县高市郡明日香村冈410
TEL & FAX/0744-54-5456
休息日/周三
购买方式/TEL、FAX、门店

德岛县

③ 阿波酢橘鸡鸡肉咖喱

讲究使用无添加剂饲料养殖的阿波酢橘鸡，与使用水果和椰浆做成的浓醇咖喱珠联璧合。

数据

八百秀

德岛县德岛市金泽1-3-3
TEL/088-664-0260
FAX/088-644-0270
购买方式/TEL、FAX、WEB

200 g

埼玉县

④ 源流花园黑猪咖喱

使用微带甘甜的“花园黑猪”。软嫩的肉质和独特的口感令人印象深刻。味道辛辣，口感圆润。

数据

三越伊势丹食品服务

东京都中央区丰海町3-16
TEL/0120-25-4547
购买方式/TEL、WEB

220 g

鹿儿岛县

⑤ 南州农场黑猪咖喱

食用地瓜长大的鹿儿岛县产黑猪肉软嫩可口。所制咖喱口感清新，久吃不厌。

数据

三越伊势丹食品服务

东京都中央区丰海町3-16
TEL/0120-25-4547
购买方式/TEL、WEB

250 g

岐阜县

⑥ 郡上八幡美味礼赞猪肉咖喱

奥美浓咖喱认证产品。知名品牌猪肉软嫩可口，与富含水果清香的咖喱块搭配，美味绝伦。使用郡上本地味噌酱佐味。

数据

阿尔匹诺　咖啡餐厅（Caffe Rest Alpine）

岐阜县郡上市八幡町五町1-2-13
TEL/0575-67-1548
FAX/0575-67-1961
营业/8:00~20:00（末次点单19:30）
休息日/周二
购买方式/TEL、FAX、零售店

7 近江牛专卖店精品咖喱

使用整头“近江牛”牛肉制作。包装上贴有源头追溯标签，可以查看近江牛养殖记录，安全放心。

数据

荣屋

滋贺县草津市追分町1247
TEL/077-563-7829
FAX/077-563-8239
购买方式/TEL、FAX、WEB

8 松阪牛牛肉咖喱

讲究使用“松阪牛”牛肉和独家调配香辛料炖煮，堪称奢侈享受，高档感满溢，属于成年人的味道。

数据

杉本食肉产业

名古屋市中区荣3-1-35
TEL/052-741-3251
FAX/052-731-9523
休息日/周三
购买方式/TEL、FAX、WEB

9 鬼太郎嗜好之牛肉咖喱

使用用量毫不吝啬的鸟取县产和牛肉，与蔬菜一起细熬慢炖而成。适合追求正宗味道的食客。

数据

妖怪舍

鸟取县米子市两三柳882
TEL/0859-30-0372
FAX/0859-29-1725
购买方式/TEL、FAX、WEB、直营店、零售店

10 赤城牛牛肉咖喱

使用著名“赤城牛”牛肉制作。牛肉醇厚鲜美，咖喱块浓郁深邃，20年间一直深受当地人喜爱。

数据

鸟山畜产食品

群马县涩川市涩川1137-12
TEL/0279-24-1147
FAX/0279-24-4745
购买方式/TEL、FAX、WEB、百货店、零售店

11 冈山和牛咖喱

与冈山县新见市所产熟透番茄一起炖煮而成，咖喱当中，充分融入了“千屋牛”的淡淡鲜美。

数据

哲多铃兰食品加工

冈山县新见市哲多町花木161-1
TEL/0867-96-2862
FAX/0867-96-2865
购买方式/TEL、FAX、明治屋商店（关东）

12 常陆牛咖喱

每道使用150 g著名“常陆牛”牛肉制作而成，堪称奢侈。不使用任何化学调味料，蔬菜和水果同样讲究使用茨城县所产。

数据

矶山商事

茨城县鉾田市安房199-2
TEL/0291-32-3415
购买方式/WEB、零售店

❶ 樱桃咖喱

加入山形县产樱桃果肉，像奶油一样柔软而又圆润的味道给味蕾带来美妙享受。粉红色的视觉效果形成强烈的冲击力。

数据

后藤屋

山形县东置赐郡高畠町大字一本柳2519-3
TEL/0238-52-3572
购买方式/TEL、WEB、零售店

❷ 青森苹果咖喱

使用青森县产苹果果肉、苹果酱和苹果蜂蜜制作，用量毫不吝啬，口感清新而又甜美。从儿童到老人均可食用。

数据

拉格诺通贩中心

青森县弘前市大字福田1-3-10
TEL/0120-55-6300
FAX/0172-27-5139
购买方式/TEL、FAX、WEB

❸ 完熟杧果咖喱

南乡产熟透杧果的甜美中加入香辛料的辣味，一口下去，满满的南国气息。水果味道，口感圆润。

数据

“道之驿”南乡

宫崎县日南市南乡町贽波3220-24
TEL/0987-64-3055
FAX/0987-64-3059
购买方式/TEL、FAX、WEB、直销店

❹ 药膳实生柚子咖喱

实生柚子为物部町特产。借鉴配合50种香辛料和香草的药膳咖喱制作而成，有益健康。

数据

物部实生柚子之会

高知县香美市物部町大栃795
TEL & FAX/0887-58-2651
购买方式/TEL

5 丰后 菌菇咖喱

使用大分县产“嫩冬菇”干菇。经过长时间炖煮的干菇整个放入其中，味道口感无与伦比。

数据

大分县椎茸农业协同行会

大分市势家春日浦843-69
TEL/097-532-9141
FAX/097-532-9167
购买方式/TEL、FAX、WEB、零售店

6 大阪泉州 水茄子咖喱

大阪泉州茄子使用30种香辛料作底料的酱料炖煮，加入大粒日本国产牛肉，味道正宗。

数据

泉州千龟利

大阪府堺市堺区山本町5-110
TEL/072-222-3851
FAX/072-222-3852
购买方式/TEL、FAX、WEB、零售店

7 奥越 芋头咖喱

芋头与味道辛辣的咖喱搭配，精妙卓绝。入味彻底、嚼劲十足的芋头值得品味。

数据

福井烹饪

福井县鲭江市柳町3-5-15
TEL/0778-51-6515
FAX/0778-53-0732
购买方式/TEL、FAX

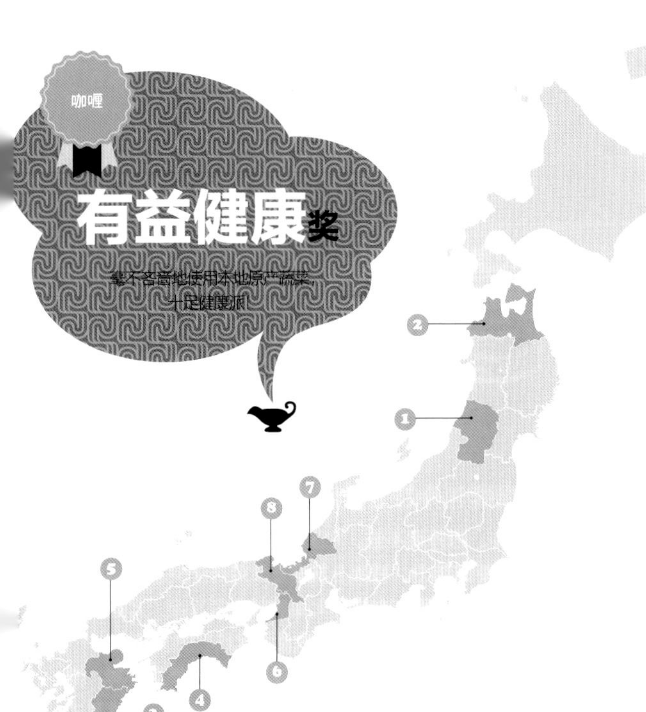

8 京蔬菜咖喱（夏版）

使用贺茂茄子、万愿寺辣椒等时令新鲜京都蔬菜。味道略甜，口感清新。12月~次年6月销售冬版。

数据

京野菜贩卖协同行会

京都府京都市北区上贺茂壹町口町32
TEL/075-724-0707
FAX/075-724-9853
购买方式/TEL、FAX、WEB
※销售期可能会因气候原因而有所调整

日本咖喱史

自日本与咖喱幸福邂逅以来，已有一个半世纪。
咖喱如何登上了日本国民美食的地位？人气又如何经久不衰？
让我们去探索一下其发展历程吧！

编审（P.176—179、P.186—191）**井上岳久**先生

Inoue Takahisa，历任横滨咖喱博物馆制作人及该馆咖喱研究所所长；2007年起，任咖喱综合研究所所长。烹饪大师、经营顾问。出版书籍多部，有《咖喱杂学》（日东书院）等。咖喱商品开发水平举世公认。介绍秘方和佐料的网站亦收获好评无数。

Q&A

Q 什么是咖喱日？

在距今30多年前的1982年1月22日，日本在全国中小学实行了咖喱营养午餐活动。该活动系由负责学校营养午餐的“全国学校营养师协会”为纪念成立20周年而策划实施。咖喱选入菜单的原因在于它在全国最受欢迎。自此，1月22日被定为“咖喱日”。

日本咖喱年表

江户后期　40' 第二次世界大战后　50'　60'

1945　1950　20世纪50年代　1954　1959　1960　1963　1966　1968

江户后期　日本开港通商期间，咖喱漂洋过海，进入日本
佩里黑船叩关，横滨开港通商时，欧美人将咖喱传到日本

1945　『东洋（Oriental）即食咖喱』发售
炒好的面粉中拌入咖喱粉而成，瞬间成为大热商品

1950　爱思必（S&B）公司咖喱粉上市
本年问世的此款商品自上市以来，连续畅销60余年，经久不衰。经过多年反复研发，爱思必目前使用30余种香辛料和香草

20世纪50年代　借助速食商品，咖喱行业生机勃发

东洋公司送勺促销

1954　爱思必公司推出固体即食咖喱

1959　爱思必公司推出『最中咖喱』
属于在结构上，放入锅中后，糯米做的「最中」（外皮）融化，能够产生黏稠感的商品，上市后十分热销

1960　好侍（House）公司出品『印度咖喱』

1963　好侍公司推出『百梦多咖喱』
颠覆「咖喱就应该辣」这一常识，使用苹果和蜂蜜制成，口感柔和，持续畅销

1966　爱思必公司『黄金咖喱』上市

1968　大塚食品『梦咖喱』上市
希望推出「一人份量，用开水加热即可食用，每个人都会做的咖喱」，并终获成功。是全球首款面向大众销售的速食食品

永不满足的商品开发史是咖喱人气持续至今的主要原因

幕末时期，咖喱随“开国”一起进入日本，因外观不佳，它从一开始不被看好到被接受，历时良久。后来一经品尝，人们就再也无法抗拒其魅力，再加上其属于文明开化食品，具有时髦感，从而逐渐得到了认可。关于咖喱在明治时期到第二次世界大战前的这段历程，大家将在小知识（→ P.186）部分读到，在这里，我们先来看一下咖喱在第二次世界大战后的历程。

咖喱成为国民食品，需在家常菜中占领主要地位。因此，必须能够做到省略繁复步骤，操作简单。于是，可轻松完工的即食咖喱登场。这种咖喱是咖喱粉与炒面粉的混合品，是成就之

什么是咖喱粉造假案件？

在咖喱食品逐渐普遍的昭和初期，最受烹饪师青睐的咖喱粉依然是英国C&B（克罗斯和布莱克威尔）公司出品的咖喱粉，全球最早的咖喱粉就出自该公司之手。但是，1931年，人们发现，罐体与C&B公司产品用罐极为相似，但里面却装着日本国产咖喱粉的假冒产品正在出售！由于这一案件，“即使内容物不同，但没人能分辨出味道区别的事实”得到证实，日本国产咖喱粉也正式走进了人们的视野。

欧洲没有欧式咖喱？

说起欧式咖喱，会令人觉得它似乎在欧洲很流行，但实际上，欧洲并不存在这种名称的菜肴。感觉上较为接近的可能是英式咖喱。这种咖喱做法非常简单，将咖喱香辛料和蔬菜炒好后，放入肉等材料炖煮，最后用面粉勾芡即可。它是大英帝国时代，统治过印度的英国人为了能在本国也尝到印度的香辛料菜肴而做出的创新。日本咖喱对其又做了进一步发展，在使之不断进化的过程中，加入了能给味道增添深邃感的小牛高汤等材料，于是，看上去更像欧洲人吃的咖喱品种——欧式咖喱就此问世。

70’ 80’ 90’ 00’

- **1971** **好侍公司推出『客客睐咖喱（Cucure Curry）』**
- **1973** **松本楼『10万日元咖喱』开售** 1971年，因暴动学生放火，店铺全毁。两年后重新开张之际，以义卖形式，提供10万日元咖喱。之后多年，至笔者截稿日无间断
- **1978** **客客壹番屋（CoCo壹番屋）1号店在名古屋开业**
- **1982** **爱思必公司推出高端速食商品『小牛高汤/帝拿咖喱（Dinner Curry）』**
- **1983** **好侍公司『泽咖喱（The Curry）』上市** 使用酱料和咖喱块制作的新款咖喱，引起热烈关注
- **1990** **爱思必公司推出『咖喱周』咖喱** 含大块配料，用速食方式，再现『家常味道』
- **1995** **龟田制果公司推出『咖喱煎』脆饼**
- **1996** **好侍公司『浓厚香味咖喱（Kokumaro Curry）』上市** 追求类似于放一晚上的醇厚和圆润感，备受欢迎
- **1999** **横须贺『横须贺海军咖喱』问世** 利用咖喱振兴城市第1号——『横须贺海军咖喱』点燃了本地咖喱的火苗
- **2001** **横滨咖喱博物馆开馆（2007年关闭）**
- **2007** **好侍公司与JAXA（日本宇宙航空研究开发机构）联合开发推出太空食品形式的速食咖喱**
- **2009** **好侍公司出品『朝气蓬勃的早餐咖喱』** 模仿棒球手铃木一郎所吃早餐咖喱的人越来越多，早餐咖喱市场诞生

后固体咖喱块问世的重要商品。最早的即食咖喱出现于1906年左右，其中1945年上市销售的“东洋即食咖喱”非常出名。另外，爱思必公司在1950年推出的红罐装咖喱粉以低价优质面市，这在日本咖喱史上堪称一件激动人心的大事。

随着咖喱进入家常菜行列，厂家们纷纷着手开发更为方便的咖喱。20世纪50年代，因为速食商品的销售，咖喱行业生机勃发，各家公司绞尽脑汁，思考促销手段，来讨好消费者。进入20世纪60年代以后，超级畅销，至今经久不衰的咖喱块问世。之后，厂商依然仔细研读时代需求，不断推出新产品。不断升级的咖喱商品继续令顾客为之倾倒，拉动着延续迄今的咖喱热潮。

咖喱南蛮面

即咖喱荞麦面、咖喱乌冬面，系由1909年（明治四十二年）自东京迁至大阪开店的朝松庵第2代老板角田酉之助发明。为了消除咖喱的辛辣，人们多会在酱汁中使用大量甜酱油。又，“南蛮”是指大葱。

铁板咖喱

米饭、咖喱和奶酪放入盘中开放烤制的多利亚风格咖喱。也有说法称其发祥于福冈县北九州市，该市正在利用铁板咖喱振兴旅游业。

干咖喱

切碎的配料中拌入咖喱粉炖煮，挥发掉水分即成。虽与肉碎咖喱相似，但干咖喱属于日本自创菜品。

咖喱包

日本的中式包子是对发祥于中国的包子的创新，放入来自印度的咖喱之后，就诞生了一项世界上独一无二的咖喱创新。这道咖喱快餐堪称日本人融合技艺的精髓体现。

咖喱面包

一种用咖喱作馅料的油炸面包。1927年（昭和二年），东京名花堂中田丰治发明。他从炸肉排中得到灵感，于是尝试用油炸面包。水分多无法炸成形的问题解决后，成为超级火热商品。目前，出于健康考虑，还出现了不经油炸，煎得带焦、味道香喷喷的铁板咖喱面包等食品，其宽度不断拓展。

日本特色创新咖喱

日本人被称为善于创新的民族，
尤其是在咖喱上面，的确
发明了许多衍生菜品。

用鸡汤等材料煮撒有咖喱粉的大米，熟后米饭为煮咖喱风味。辣味较轻，家常给小孩子吃也不错。

咖喱杂烩饭

原为北海道地方咖喱，2003年左右风靡日本全境。大块蔬菜和汤汁鲜美的香辛料味道令人深为倾倒。

汤咖喱

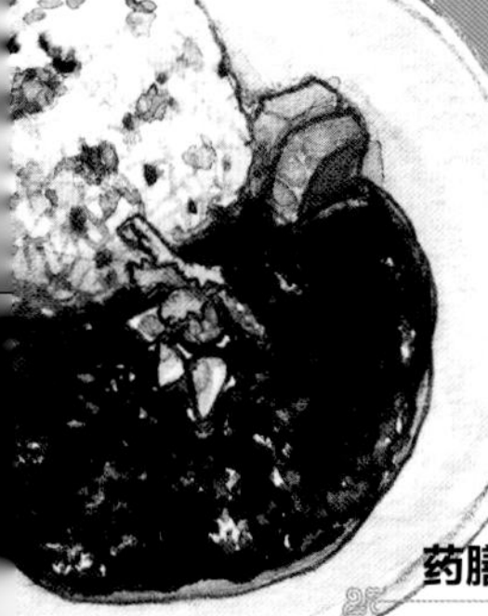

烹制时，注重香辛料的药效，利用不同香辛料，能够达到调理身体、减轻疲劳等效果。

药膳咖喱

咖喱猪排饭

炸猪排与咖喱放到一个盘中的融合菜品，其人气地位不可撼动。松脆的外皮与圆润的酱汁竞相冲击味蕾，令无数咖喱和肉食粉丝深深着迷。

在举国咖喱爱好者手中诞生的个性派阵容

咖喱堪称日本国民美食。街上，世界各国的咖喱店比比皆是，咖喱连锁店内，客人排成队。另外，咖喱乌冬面、咖喱面包等对咖喱本身进行创新的新颖食品横空出世，也是日本饮食文化的一个有趣之处。前文介绍过的咖喱乌冬面在明治时期就已问世，咖喱面包则诞生于昭和初期。二者在日本饮食种类中均已树立起了不可撼动的地位。此外，咖喱猪排饭、咖喱杂烩饭、干咖喱等冠以咖喱名称的菜肴也不胜枚举。近年来，又有汤咖喱、药膳咖喱等新面孔登场。今后，咖喱在实现进化的过程中，肯定还会让日本人的胃袋得到满足。

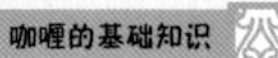

正宗味道，可在家中模仿

探访人气咖喱教室！

如果说，有什么捷径能让我们在家中享受美味咖喱的乐趣？那就是咖喱教室。我们拜访了对香辛料精心研究的咖喱教室，向老师请教了特别有人气的食谱做法。

知识讲解……

渡边玲老师

Watanabe Akira，1987年在东京市印度餐厅老店开始烹饪生涯。前往印度30余次。2009年，开办专注香辛料理主题的烹饪教室"南洋香辛料（SOUTHERN SPICE）"，教授印度及周边各国食谱。出版有《时令速成香辛料咖喱》（日本阿斯派克特〈Aspect〉出版社）、《咖喱大全》（日本讲谈社）等书籍。

授课以渡边老师演示为主。“内容还包括印度的饮食文化和生活方式，我希望能够帮助大家了解这些”，渡边老师说。1、2、4：教室内，配合菜肴，区分使用25~30种香辛料。3：教室内枝叶舒展的九里香

以香辛料为主题，展开咖喱学习

烹饪工作室“南洋香辛料（SOUTHERN SPICE）”如其名称所示，是一间以香辛料为主题的烹饪教室，在这里，可以学习到印度以及尼泊尔、巴基斯坦等南亚次大陆的菜肴烹饪。

“让大家习惯并喜欢上日本人不熟悉的香辛料，是我开办教室的初衷。尽管如此，我们并不迎合日本人口味进行改造。我们坚持介绍再现正宗味道的菜肴。”

为了能让学员轻松享受，乐在其中，教室采取了非常大胆的做法，不设课程，也不收取入会费和会员费，只要在自己感兴趣的讲座开办时提出申请即可。每次限定 8 人的小班制也令人很舒服。

“正宗印度咖喱”“香辛料早知道”“南印度菜肴讲座”“印度咖喱基础知识”……教室设有许多很受欢迎的讲座，在这其中，渡边老师最擅长的一个领域是“南印度菜肴”。

“南印度菜总体比北印度菜口味清淡，也有很多使用蔬菜和鱼的做法，日本人比较容易吃得惯”。

在这些南印度菜中，我们这次请老师传授了 4 道尤受欢迎的咖喱食谱。自己动手挑战后，请务必前往“南洋香辛料”教室。与渡边老师做出来的味道进行品尝比较，发现更高段位的美味吧！

数据

烹饪工作室“南洋香辛料”（SOUTHERN SPICE）

东京都杉并区内
授课时间/
11:00~14:00、
19:00~22:00，2节
（周六日、节假日为11:00~14:00、16:00~19:00，2节）
课程内容可通过主页确认。申请课程亦通过主页提交。

[食谱 01]

南印度风味咖喱鸡

材料（4人份）

去皮鸡大腿……… 2 块（400 g~500 g）
洋葱…………………………………… 1 个
九里香叶……………… 10 片（无亦可）
姜蒜 1∶1 擦泥 …………………… 1 大匙
青辣椒………………………………… 2 根
（亦可用狮子椒切成小块 4 个的量或甜椒切碎 1 个的量代替）
香菜碎………………… 1 大匙（无亦可）
去皮整番茄（罐装）……………… 1/2 杯
（如用新鲜番茄，粗粗切碎 1 杯量）

粉状椰奶……………………………… 30 g
（如为罐装，1/2 杯余）
色拉油……………………………… 2 大匙
盐…………………………………… 2 小匙
水……………………………………… 1 杯

★香辛料整料（无亦可）
绿豆蔻………………………………… 4 粒
丁香…………………………………… 4 粒
锡兰肉桂条…………………… 3 cm 长
黑胡椒……………………………… 10 粒

芥末籽……………………… 1 小匙
月桂………………………………… 1 片

★香辛料粉料
番椒…………………………… 1/2 小匙
芫荽………………………………… 2 小匙
姜黄…………………………… 1/4 小匙

准备工作

1. 洋葱纵向切成2半，再横向切成2半，然后均匀切成薄片。
2. 青辣椒纵向切开。
3. 使用1/2杯开水（分量外），将粉状椰奶充分融化。

烹制方法

[调制马沙拉]

1. 厚底锅内倒入色拉油，开中火，然后放入香辛料整料。烧热，使香味转到油内，注意勿使香辛料变焦。
2. 芥末籽开始噼噼啪啪弹跳后，加入洋葱和九里香叶，用略强中火翻炒。
3. 转小火，将洋葱炒至略微带色，在小火状态下，放入姜蒜，轻轻翻炒。
4. 锅内发出好闻的香味后，加入青辣椒和香菜碎，快速翻炒一下。
5. 放入去皮整番茄，转中火。番茄炒得不再成形，开锅后，再炒1分钟左右。
6. 转小火，加入香辛料粉料和盐。
7. 倒入水，转中火，搅拌煮开锅。
8. 开锅后，火势略微调小，煮3分钟左右，出现黏稠感，咖喱底料马沙拉即告完成。

[炒炖鸡肉]

9. 马沙拉做好后，放入去皮鸡大腿肉，一起用中火仔细翻炒，使二者混合到一起。
10. 鸡大腿肉表面变白后，倒入椰奶。
11. 盖上锅盖，用小火保持沸腾状态炖煮，其间时不时搅拌一下（印度咖喱不撇浮沫）。
12. 煮10分钟左右，鸡大腿肉变软后基本就可以了。拿掉锅盖，把火略微调大，煮3分钟左右，调整黏稠度。确认咸淡，如有香菜（分量外），撒上香菜碎。

材料（4人份）

木豆仁（木豆碾碎）…………………………1/2 杯
（可用绿豆仁 = 绿豆碾碎代替）
茄子滚刀切成一口大小…………………2 根的量
洋葱……………………………………1/2 个
番茄粗粗切碎……………………………1/2 杯
九里香叶…………………约 10 片（无亦可）
青辣椒……………………………2 根（无亦可）
罗望子……………15 g（约 1/2 个乒乓球大小）
香菜碎…………………………1 大匙（无亦可）
色拉油…………………………………2 大匙
盐………………………………………2 小匙

★香辛料粉料
番椒……………………………………1 小匙
芫荽……………………………………1 小匙
姜黄……………………………………1/4 小匙

★参巴粉用香辛料类
孜然……………………………………1/2 小匙
芫荽籽…………………………………1 小匙
干红辣椒…………………………………2 根
葫芦巴籽………………………………1/4 小匙
生米……………………………………1/4 小匙

★回火用香辛料类
印度白豆仁（黑吉豆碾碎）………………1 小匙
孜然……………………………………1/2 小匙
干红辣椒…………………………………2 根
阿魏…………………………1/8 小匙（无亦可）
芥末籽…………………………………1 小匙
葫芦巴籽………………………………1/4 小匙

南印度人几乎每天必吃的蔬菜豆类咖喱，其地位与日本的味噌汤类似。各家各户、不同餐馆调味方法不一。

［ 食谱 02 ］

参巴酱汤

准备工作

1 洋葱切成 1 cm 左右厚片。

2 青辣椒纵向切开。

3 罗望子用 1 杯温开水（分量外）浸 5~10 分钟，搓出粉末。搓出粉末后，将种子和残渣尽量去除或过滤。

4 用不抹油的平底锅等工具干炒参巴粉用香辛料，注意避免焦煳，然后用研钵、香辛料研磨机、搅拌机等工具研磨。

5 木豆仁用水清洗，放入厚锅内，使用水位高出豆子 2 cm 左右（干豆 6 倍量）的水（分量外）炖煮。中间水位变低后，适当注入开水或者凉水（均分量外），保持刚刚没过豆子的水量。豆仁变软后，用手动搅拌机或者打蛋器搅拌，尽量搅碎颗粒（煮后豆子为 2 杯左右。如使用压力锅，效率更高）。

烹制方法

1 厚锅内放色拉油，开中火，放入回火用回火用香辛料中的芥末籽。稍微加热一会儿，其间轻轻晃动锅体，以免焦煳。

2 锅内发出噼噼啪啪的声音后，转小火，并放入其他回火用香辛料。

3 印度白豆仁变成茶色后，将茄子、洋葱、番茄、九里香叶、青辣椒放入锅内。

4 翻炒 3 分钟左后，直到洋葱变透明，番茄不再成形。

5 转小火，加入香辛料粉料和盐。

6 按原小火状态，不加水，炒 30 秒左右。

7 放入用水泡出的罗望子粉末，加水（分量外）至刚刚没过材料状态后，火候转至中火程度煮开锅，然后再煮 2~3 分钟。

8 木豆仁和参巴粉放入锅内，将火略微调小，煮 10 分钟左右。

9 略微出现黏稠感即告完成。用盐调味，撒上香菜碎。

[食谱 03]

正宗印度奶油鸡

材料（4人份）

去皮鸡大腿……… 2 块（400 g~500 g）
姜蒜 1:1 擦泥……………………… 2 大匙
去皮整番茄（罐装）…… 1 听（约 400 g）
狮子椒切小块………………… 4 根的量
（或者甜椒切碎 1 个的量）
姜末……………………………… 1 大匙
香菜碎…………………………… 1 大匙
柠檬汁…………………………… 1 小匙
无盐黄油…………………………20 g
鲜奶油……………………………50 mL
盐…………………………………1.5 小匙
水……………………………………1 杯

★香辛料整料 A
葫芦巴叶……………………… 1 大匙
（无亦可）

★香辛料整料 B
绿豆蔻………………………… 4 粒
丁香…………………………… 4 粒
锡兰肉桂条……………… 3 cm 长
大豆蔻………………………… 1 粒
（无亦可）
月桂…………………………… 1 片

★香辛料粉料 A
番椒……………………………1/2 小匙
格兰姆・马沙拉……………… 1 小匙
姜黄……………………………1/4 小匙

★香辛料粉料 B
格兰姆・马沙拉……………… 1 小匙
甜椒……………………………1/2 小匙

准备工作

1. 去皮鸡大腿肉切成一口大小，用柠檬汁、1大匙姜蒜擦成的泥、香辛料粉料A、1/2小匙盐（分量外）揉搓。最少醒15分钟（如有可能，醒一晚）。
2. 去皮整番茄加水，用手动搅拌机或者料理机打成细滑泥状。

烹制方法

1. 香辛料整料A（葫芦巴叶）放入不抹油的平底锅等工具内，干煸1分钟左右，直到多余水分挥发，叶子变脆。
2. 厚锅内放无盐黄油，中火融化，其间加入香辛料整料B加热。注意勿使黄油和香辛料变焦。
3. 丁香和绿豆蔻膨胀，发出香味后，放入1大匙姜蒜擦成的泥，翻炒。
4. 加入去皮整番茄、狮子椒，中火煮开锅。
5. 放入香辛料粉料B中的甜椒和盐，煮2~3分钟。
6. 加入腌好的去皮鸡大腿肉，中火炖煮，收紧咖喱酱。锅内将要咕嘟咕嘟沸腾得厉害时，倒入少许水（分量外），盖上锅盖，小火煮。
7. 去皮鸡大腿肉充分熟透，咖喱酱黏度略微增加后，加入香辛料粉料B中的格兰姆・马沙拉、姜末，煮2~3分钟。
8. 1的葫芦巴叶用手掌以粉末状搓到锅内。
9. 即将关火前，转圈倒入鲜奶油，撒上香菜碎，完成。

正宗吃法是，喝啤酒或者高球鸡尾酒时，将菜品浇到白米饭上食用。当地味道做得非常辣，这次做得辣度适中。

[食谱 04]

果阿风味咖喱鱼

材料（4人份）

剑鱼块……………………………4 块
（可用加吉鱼、鲈鱼、马鲛鱼、鲑鱼等代替）
洋葱碎……………………………1 杯
姜蒜 1∶1 擦泥……………………1 大匙
番茄碎……………………………1/2 杯
（罐装去皮整番茄 1/4 杯）
青辣椒……………………………2 根
（亦可用狮子椒切成小块 4 根的量或甜椒切碎 1 个的量代替）
九里香叶…………………………10 片
罗望子……………………………15 g
（约 1/2 个乒乓球大小）
椰奶粉……………………………约 60 g
（罐装 1 杯余）
色拉油……………………………2 大匙
盐…………………………………2 小匙
水…………………………………1 杯

★香辛料整料
绿豆蔻……………………………4 粒
锡兰肉桂条………………………3cm 长
茴香………………………………1 小匙
葫芦巴……………………………1/4 小匙
月桂………………………………1 片

★香辛料粉料
番椒………………………………1 小匙
孜然………………………………1 小匙
芫荽………………………………1 小匙
姜黄………………………………1/4 小匙
黑胡椒……………………………1 小匙

准备工作

1. 轻轻清洗剑鱼块，沥水后，切成一口大小。
2. 罗望子用1杯温开水（分量外）浸5~10分钟，搓出粉末。搓出粉末后，将种子和残渣尽量去除或过滤。
3. 用1杯开水（分量外）融化椰奶粉。
4. 将青辣椒纵向切开。
5. 香辛料粉料中的孜然和黑胡椒用平底锅干煸后，细细弄碎。

烹制方法

1. 厚锅内放色拉油，开小火，加入香辛料整料。
2. 放入香辛料整料后，改中火，使香辛料的香味转到油内，其间晃动锅体，避免焦煳。尤其需注意，葫芦巴易变焦。
3. 香辛料发出好闻的香味后，加入洋葱碎和九里香叶翻炒。
4. 洋葱碎变透明后，放入姜蒜擦成的泥，稍顿，然后加入番茄碎和青辣椒，略加搅拌。
5. 轻轻翻炒至番茄不再成形后，将火调小，加入香辛料粉料和盐。
6. 锅内加水，中火煮3分钟左右。
7. 出现黏稠感后，放入用水泡出的罗望子粉末，盖上锅盖，用略弱中火煮5分钟。
8. 加入用开水融化的椰奶粉，转小火，再煮2~3分钟。
9. 放入剑鱼块，小火煮5分钟，注意勿把鱼块煮得不成形。
10. 鱼熟后，完成。关火，确认咸淡，如有，在上面撒上香菜碎。

有关咖喱的种种

趣味咖喱小知识20条

平时煞有介事谈论着的咖喱趣闻逸事、
感觉疑惑的问题一直没有得到解决……
这里稍稍公开一些关于咖喱的点滴小知识。

小知识 其1

第一个见到咖喱的日本人是谁?

据说是后来成为东京大学首名医学博士的三宅秀。1863年（文久三年），他在随行幕府派往法国的第2批遣欧使节团出访期间所作日记中，写下了对所遇到的一种食物（人们认为其为咖喱）的感想，这是日本对实物咖喱的第一份记录。他在经海路前往欧洲途中，亲眼目睹了同船印度人吃的这种令人惊讶的食物。“米饭之上致以唐辛子细味，浇以黏稠芋状物，以手搅后手抓食之。乃至污人之物也”。

根据三宅秀作为遣欧使节团一员途经埃及时的留影绘制的简笔画（三宅秀位于斯芬克斯雕像脖颈处）

小知识 其2

日本什么时候出现了“咖喱”一词?

1860年（万延一年）出版的《增订华英通语》词典首次对“Curry”一词进行了翻译。该词典为粤（语）英（语）词典，福泽谕吉在其上加了日语片假名发音和翻译。在体例上，举例来说，是在“鱼刀”这个汉语词汇上，加上“デバボウチョウ”的日语翻译；而在其英语词汇“fish knife”上，则增加“フィシ　ナイフ”的假名读音。按照这种做法，咖喱在其汉语词汇“加尤”上未作翻译，而在其英语词汇“curry”上则添加了一个非常值得纪念的发音——“コルリ”。

小知识 其3

日本第一个吃咖喱米饭的人是谁?

据说，日本第一个在点餐时要求提供咖喱米饭餐食的人是原白虎队队员、明治时期成为日本首名物理学教授的山川健次郎。他在1870年（明治三年）16岁时，被选拔为国家公费留学生前往美国。因为当时的交通手段为乘船出行，因连日晕船和不习惯的西餐生活而疲惫至极的他想来想去，最后点了用米饭做的饭食——咖喱米饭。但是，据说，他对用心浇在上面的咖喱毫无食欲，只吃掉了配菜砂糖渍杏和米饭。

小知识 其4

日本最早的咖喱食谱内有蛙肉？

1872年（明治五年），作为日本西餐的起始点，日本刊行了两本对西餐发展起着重要作用的书籍。一本是敬学堂主人所著《西洋料理指南》，另一本是假名垣鲁文的《西洋料理通》，二者当中录有咖喱食谱，据考，这是有记录保存的日本最早的咖喱食谱。尤其是前者，其食谱中所录食材令人惊讶，颇为耐人寻味。它写的是：大葱、生姜、蒜切碎，用一匙黄油翻炒。加水，放入鸡肉、虾、加吉鱼、牡蛎、林蛙等食材炖煮后，放入一匙咖喱粉，细细炖一小时，然后加盐，并溶入水溶性面粉。配料中为什么会使用林蛙？一种比较有力的说法是，这是吃蛙肉的中国人的创意。或许是在英国人身边工作的中国厨师做咖喱时用林蛙代替肉使用，而看到这一做法的作者以为本就如此，所以就录到了食谱当中。

小知识 其5

克拉克博士也认为配咖喱还是米饭最好？！

威廉·史密斯·克拉克因“少年，你要胸怀大志！”这一名言而知名。1876年（明治九年），他前往札幌农学院（现北海道大学）任职。为了增强学生体质，学校禁止米饭餐食，而是供应以面包餐为主的西餐。但是，只有咖喱餐时间除外。由于“米饭咖喱”菜单的存在，大家可以正大光明地吃米饭。尽管“学生禁食米饭。但米饭咖喱不受此限”是否出自于克拉克博士之口并无定论，但可以确认，在之后1881年（明治十四年）的宿舍餐中，米饭咖喱属于普通餐食，隔日就会亮相。

小知识 其6

大文豪也青睐米饭咖喱

到了明治时代下半叶，尽管咖喱属于只有部分上流阶层家庭和崇洋人士才了解的食物，但文豪们已经知晓它的魅力，并将其引入了自己的饮食生活，让它在自己的作品中登场亮相。首先是正冈子规在真实描述个人疾病抗争生活的《仰卧漫录》中，对1901年（明治三十四年）9月17日晚餐的叙述：“晚 米饭咖喱三碗 山药豆 咸烹海鲜 奈良腌菜 体温三十七度三分……”在这天的早餐里，他吃了加有可可的牛奶、夹馅面包等食物。从中可以窥见，这种饮食在当时属于上等生活。其次，在夏目漱石1908年（明治四十一年）的著作《三四郎》中，我们可以看到这样的句子：“……拉着我到本乡街一个名叫淀见轩的地方吃了咖喱米饭……”。

漱石（左）与子规（右）
©日本国立国会图书馆藏

小知识 其7

咖喱绝配"福神渍腌菜"诞生逸事

说起咖喱饭的凉配菜，与藠头同样不可或缺的是福神渍腌菜。相传，它由酒悦公司第15代老板野田清右卫门发明，历时大约10年，终告成功，1886年（明治十九年）左右开始出售，一时引起轰动。这种富有传奇色彩的酱菜是将萝卜、茄子、芜菁、瓜、紫苏、莲藕、刀豆等7种蔬菜，使用酱油和甜料酒腌渍而成。其名字来历有多种说法：一是当时的畅销作家梅亭金鹫因"酒悦"旁边的不忍池内有"七福神"中的一神——辩天神[①]而为其命以此名。还有一种说法是，只要有福神渍腌菜，就能吃得下饭，不用吃菜，不知不觉就能攒下钱来，这是一种吉祥腌菜，应该是福神一起帮忙腌的，所以就取了这个名字，等等。而福神渍腌菜首次被用来配咖喱是在1902年、1903年（明治三十五年、三十六年）左右，地点是在日本邮船欧洲航线的一等食堂内。当时作为配菜上桌的酸甜酱（一种印度调味料，将蔬菜、水果用香辛料和醋等物熟化而成）库存告罄，所以就用福神渍腌菜代替，结果大受好评，从此，福神渍就成了咖喱的经典搭配。福神渍腌菜之所以能被接受，有以下几方面原因：其甜味能缓和咖喱的味道，酱油可当佐料，蔬菜口感佳等。顺便提一下，二、三等客舱的凉配菜似为腌萝卜。

福神渍蔬菜经营者"酒悦"商标。大正三年注册

① 译注："辩天"为"辩财天"的俗称，其他六神名为惠比寿、大黑天、福禄寿、毘沙门天、布袋、寿老人，分别来自不同宗教。

小知识 其8

胡萝卜、洋葱、土豆只是日本的配料！

在日本，说起家常咖喱中的代表性配料，那就是胡萝卜、洋葱、土豆。它们属于必备食材，缺少任何一样的话，咖喱简直无法成立，但在世界其他地方，却不会看到使用上述配料的咖喱。实际上，这是日本咖喱的特有食谱。据考，胡萝卜、洋葱和土豆在明治时期传入日本，而其变得普遍容易购买则是到了明治末期。这些营养均衡、色彩又很养眼的蔬菜据说与咖喱最相配，1911年（明治四十四年）刊行的《洋食调理》一书首次介绍了使用上述蔬菜烹制的牛肉咖喱食谱。

小知识 其9

印度人不知道咖喱粉

在印度，没有现成的咖喱粉这种东西。按照菜肴自由选取香辛料，自行研磨调配的做法天经地义，或许也可以说是主妇的修养。但是，这项工作对于印度以外的人来说却难如登天。而思考无论如何要在自己的国家再现这一味道的，则是东印度公司的一员——哈斯丁斯（Hastings）。1772年（明和九年）左右，他把烹制咖喱所用配套香辛料和大米这种他曾生活过的孟加拉地区的主食带回了英国。该配套香辛料，正是后世咖喱粉的源头。到18世纪末，通过英国C&B（克罗

斯和布莱克威尔）公司之手，咖喱粉终于作为一种商品问世。虽然这种粉末昂贵无比，但在很长一段时间内，它都深受日本咖喱烹饪师青睐。另，日本第一份咖喱粉是药材批发商今村弥兵卫在 1905 年（明治三十八年）制作的“蜂咖喱”。

小知识 其 10

咖喱成为国民食品的功臣——咖喱块的诞生

蔬菜切好，与主要配料（鱼肉）一起翻炒炖煮，剩下的只要放入咖喱块就大功告成。咖喱的魅力除了“美味可口”“营养丰富”以外，“烹调简便”同样居功甚大。用油脂凝固咖喱粉的咖喱块中，除了浓郁喷香的香辛料风味外，还有用于增加鲜美的优质材料。其形状有糊状、片状和固体等各种不同类型，但在比较畅销的咖喱块中，使用方便、省却计量工序的固体咖喱块占绝大多数。在日本，首次开发出固体咖喱块的厂家是大阪的贝尔制果（后来的贝尔食品工业株式会社），1950 年（昭和二十五年），该公司推出了模仿板状巧克力形状生产的“贝尔咖喱块”。

小知识 其 11

米饭咖喱（rice curry）与咖喱米饭（curry rice）

咖喱进入日本时，其名称尚未带有“rice（米饭）”字样。一说，“米饭咖喱（rice curry）”之名源于克拉克博士。另，小菅桂子所著《咖喱米饭的诞生》一书中讲到，在明治维新社会，“rice”一词听起来很新潮，只要带上“rice”字眼，就会显得更高档。

那么，什么时候又变成“咖喱米饭”了呢？井上岳久所著《咖喱杂学》称，其转折点为 1964 年（昭和三十九年）东京奥运会期间。当时的说法是，“米饭咖喱是寒酸的家常咖喱，而咖喱米饭是咖喱和米饭分开，令人感觉更高档”。

小知识 其 12

印式咖喱有印度独立的味道？

新宿的“中村屋”和银座的“奈尔餐厅”，两家餐厅均是向日本介绍正宗印式咖喱的知名老店，其诞生的背后，与印度独立运动家关系很大。20 世纪初，印度摆脱英国统治的独立运动此起彼伏。中村屋的拉什·比哈里·博斯（Rash Behari Bose）当年因袭击印度总督而亡命日本，得到了中村屋相马夫妇的庇护。而奈尔餐厅的创办人 A.M. 奈尔也是到日本留学，并正式投身于独立运动。其间，他邂逅了已经加入日本国籍的博斯，二人立足日本，在印度独立运动上发挥了重大作用。博斯为了报答不顾危险藏匿自己的相马一家，以祖国印度的正宗咖喱相授。供应该美食的中村屋饮品部于 1927 年（昭和二年）面世。在印度独立两年后的 1949 年（昭和二十四年），为祝愿日印友好，奈尔开办了“奈尔餐厅”。

博斯（左）与奈尔（右）

小知识 其13

助推中国人咖喱需求的香辛料

近年来，日本咖喱在中国、韩国等与咖喱机缘浅薄的东亚各国知名度越来越高，在其背后，有日本咖喱厂商坚持不懈的反复试验。比如，好侍食品向中国市场投放百梦多咖喱，商品名称采用了面向中国市场的“百梦多咖喱”一名，但最初根本卖不动。于是，为了能够得到中国人的认可，好侍重新做出了以下挑战：加强黄色色调；调入中国人喜欢的八角（茴芹）和茴香的香味，改进香味。这样一来，八角独特的香味讨好了中国人的味蕾，“百梦多咖喱”销售额节节攀升。

小知识 其14

什么东西能够有效消除口中的辛辣感？

您是否有过这样的惨痛经历：吃完猛辣咖喱之后，会不由自主地喝水，结果却是辣味在口中扩散得更厉害？什么方法能够有效消除辣的感觉呢？常见说法是喝乳制品，特别是酸奶和奶昔。据说，其中所含的脂肪成分和酸味能够缓和辛辣感。除此以外，在印度和巴基斯坦等辛辣菜肴的老家，好像还有饮用白开水的方法，还有不停嚼白米，使糖分渗出，缓解辛辣等方法。又，历史悠久的中国医学非常重视“五行学说”的基本理念，按照其说法，味分五种：酸、甘、苦、辛、咸，与辛味相克的为苦味，其次为酸味。就酸味而言，似乎可以说，喝酸奶、奶昔还是有道理的。那么苦呢？可以想到的大约是咖啡之类。其结果待勇于尝试的读者来汇报吧！

小知识 其15

有的树叶能发出咖喱的味道

说起植物的叶子，我们能想象到腥青味儿。但据说，印度有一种叶子能够发出熟咖喱的味道。将这种俗称“咖喱叶（九里香叶）”的树叶从树枝上摘下来，用手掌啪啪拍打，就能闻到一股淡淡的咖喱味。这种植物就是原产于印度的可因氏越橘（Murraya Koenigii）。从其名称的“橘”字即可看出，该植物为柑橘类芸香科乔木。虽然其种子有毒，但是叶子的香味却非常好闻，是南印度、斯里兰卡等地做菜的必备主要香辛料，很受人们青睐。但其一旦干燥，香味就会挥发，所以人们大都使用自家种植或者带枝出售的新鲜树叶。

小知识 其16

咖喱一词的来源，即印度“kuri”中使用什么香辛料？

印度菜“kuri”据说应该是“咖喱（curry）”一词的来源，它是使用多种香辛料，加入水和水牛油做成的菜肴的统称。

我们可把该地所用香辛料分为3类：着色用、增辣用、增香兼去腥用。人们从具有不同作用的香辛料家族中，按照所搭配料，结合家人身体情况等因素，确定使用的香辛料。印度人家中做“kuri”的时候，一般使用以下香辛料：着色使用姜黄；增辣使用辣椒、胡椒、生姜等；而增香会使用小豆蔻、孜然、芫荽、锡兰肉桂、丁香、月桂、肉豆蔻等。

小知识 其17

咖喱是中药的集合体

观察调配咖喱粉的香辛料可知，其大部分为中药药材。例如，锡兰肉桂被称为桂皮、肉桂等，具有发汗、解热、镇痛作用；丁香在中药中称丁香、丁子，具有健胃、整肠等作用；肉豆蔻为药材时，对止痢有效；咖喱着色所用姜黄称郁金，药材所用为春郁金，咖喱所用为秋郁金，虽然所用之物不同，但是二者的肝功能改善效果均已得到公认。

小知识 其18

甜口、中辣、超辣——辛辣标准是如何确定的？

咖喱的辛辣程度取决于辣椒、胡椒和生姜等司掌辛辣的香辛料数量，但正因为香辛料也是大自然的产物，所以地区和收获年份不同，其辛辣程度会出现微妙差别。将其按照甜口、中辣、超辣的标准，按照均一味道进行产品化的工作看起来无可称奇，做起来却非常不容易。一般做法据说是按照其辛辣成分总量确定辣味程度，但有的公司也会使用独家计算方法，将辛辣程度量化并做出调整。然后，各家公司最后均会由多名专家试吃（称“感官检验”），判断其味道。

小知识 其19

印度麦当劳是咖喱味儿？

出于对不吃牛肉的印度教徒的体贴，印度的麦当劳餐厅不设牛肉菜单。主要食品为使用鸡肉做的汉堡，还有为素食主义者准备的仅用蔬菜做的汉堡。其绝大部分为印度原创菜单。用鸡肉做的汉堡中，有使用两片鸡肉饼做的咖喱风味鸡肉大君麦香堡（亦可称“印度版巨无霸汉堡”）、使用调味类似坦都里烤鸡的鸡肉饼做的巨无霸烤鸡堡，等等。面向素食主义者提供的巨无霸蔬菜堡属于招牌菜品，里面夹着含香辛料味蔬菜的土豆可乐饼。不管哪一种，都能充分品尝到咖喱风味，到印度旅行时，务请一试。

小知识 其20

坦都里泥炉发祥于阿富汗

在每家印式咖喱餐馆的菜单中，几乎都会出现烤馕和坦都里烤鸡。它们是在“坦都里”这种泥炉中烤制而成。坦都里泥炉历史久远，在印度河文明遗址当中也有发现，但据说，这种灶灰和灰尘不易进入其中的圆筒形状发源于阿富汗一带，似乎是一直传播到了北印度。烤馕是把面坯贴到泥炉的炉壁上烤制而成，而坦都里烤鸡则是将金属钩垂到炉内烘烤。又，名为烤馕的食物在中亚地区广泛食用，但印度的普通烤馕非常简单，它是把水和全麦粉揉到一起烤熟，称“恰巴提”。

图书在版编目（CIP）数据

咖喱的基础知识 / 日本株式会社枻出版社编 ; 刘美凤译. — 北京 : 北京美术摄影出版社，2020.11
ISBN 978-7-5592-0370-0

Ⅰ. ①咖… Ⅱ. ①日… ②刘… Ⅲ. ①调味品—基本知识 Ⅳ. ①TS264.9

中国版本图书馆CIP数据核字(2020)第125894号

北京市版权局著作权合同登记号：01-2018-1946

责任编辑：耿苏萌
助理编辑：于浩洋
责任印制：彭军芳

咖喱的基础知识
GALI DE JICHU ZHISHI

日本株式会社枻出版社　编
刘美凤　译

出　版　北京出版集团
　　　　北京美术摄影出版社
地　址　北京北三环中路 6 号
邮　编　100120
网　址　www.bph.com.cn
总发行　北京出版集团
发　行　京版北美（北京）文化艺术传媒有限公司
经　销　新华书店
印　刷　天津图文方嘉印刷有限公司
版印次　2020 年 11 月第 1 版第 1 次印刷
开　本　880 毫米 × 1230 毫米　1/32
印　张　6
字　数　169 千字
书　号　ISBN 978-7-5592-0370-0
审图号　GS（2020）2637 号
定　价　79.00 元

如有印装质量问题，由本社负责调换
质量监督电话　010-58572393